Saikat Maji
Surya Rathore

Sustentabilidade das actividades de gestão dos recursos naturais

AF666445

Saikat Maji
Surya Rathore

Sustentabilidade das actividades de gestão dos recursos naturais

ScienciaScripts

Imprint

Any brand names and product names mentioned in this book are subject to trademark, brand or patent protection and are trademarks or registered trademarks of their respective holders. The use of brand names, product names, common names, trade names, product descriptions etc. even without a particular marking in this work is in no way to be construed to mean that such names may be regarded as unrestricted in respect of trademark and brand protection legislation and could thus be used by anyone.

Cover image: www.ingimage.com

This book is a translation from the original published under ISBN 978-3-659-85978-6.

Publisher:
Sciencia Scripts
is a trademark of
Dodo Books Indian Ocean Ltd. and OmniScriptum S.R.L publishing group

120 High Road, East Finchley, London, N2 9ED, United Kingdom
Str. Armeneasca 28/1, office 1, Chisinau MD-2012, Republic of Moldova, Europe
Printed at: see last page
ISBN: 978-620-8-33428-4

Copyright © Saikat Maji, Surya Rathore
Copyright © 2024 Dodo Books Indian Ocean Ltd. and OmniScriptum S.R.L publishing group

Índice

Lista de abreviaturas

1. ADO: Agriculture Development Officer
2. BDO: Block Development Officer
3. DDP: Desert Development Programme
4. DPAP: Drought Prone Area Programme
5. EEC: European Economic Cooperation
6. F: Frequency
7. FAO: Food and Agriculture Organization
8. IWDP: Integrated Wastelands Development Programme
9. IWMP: Integrated Watershed Management Programme
10. M.ha: Million hectare
11. NGO: Non Governmental Organization
12. NRM: Natural Resource Management
13. NWDPRA: National Watershed Development Project in Rain-fed Areas
14. %: Per cent
15. SHG: Self Help Group
16. S. No: Serial number
17. UNDP: United Nations Development Programme
18. VDO: Village Development Officer
19. WDPs: Watershed Development Programme

CAPÍTULO 1

INTRODUÇÃO

A gestão dos recursos naturais (NRM) refere-se à utilização sustentável dos principais recursos naturais, como a terra, a água, o ar, os minerais, a biodiversidade e os recursos genéticos, os recursos de biomassa, as florestas, a pecuária e a pesca. Em conjunto, estes recursos fornecem os serviços ecossistémicos que sustentam a vida humana. Os recursos naturais, que constituem a própria base da sobrevivência, do progresso e da prosperidade humana, têm vindo a degradar-se rapidamente e o ritmo sem precedentes da sua erosão é uma das causas profundas da crise agrária que o país enfrenta (Ghosh, 2011).

Na Ásia e em África, centenas de milhões de agricultores pobres e marginais dependem de terras e recursos hídricos degradados e lutam para fazer face a uma série de riscos agro-climáticos, de produção e de mercado. Estima-se que a taxa de degradação das terras nas zonas de sequeiro da Índia na década de 1990 terá provavelmente aumentado para mais do dobro da taxa observada na década de 1980, essencialmente devido à erosão dos solos provocada pelo escoamento superficial (Reddy, 2000). Simultaneamente, estas regiões em particular e o mundo em geral não dispõem de água utilizável suficiente para produzir os alimentos necessários para alimentar adequadamente as gerações futuras. O mundo está a converter rapidamente florestas, zonas húmidas e outros habitats críticos em terras agrícolas para satisfazer a procura crescente e a desviar os principais rios para produzir alimentos (Anonymous, 2005). A forma de produzir mais e melhores alimentos e de manter ou melhorar os serviços ecossistémicos críticos sem prejudicar ainda mais o nosso ambiente constitui um grande desafio.

Neste cenário, o desafio consiste em gerir a terra e a água de forma sustentável para atingir níveis de produtividade mais elevados, conservar os recursos para as gerações futuras e obter meios de subsistência da forma mais equitativa possível. Os pequenos agricultores, os criadores de gado, os utilizadores das florestas e outros que tiram o seu sustento da terra e da água descobrem que as suas interações afectam os outros num contexto de bacia hidrográfica. Como uma unidade de terra e

A gestão integrada e participativa da água, a bacia hidrográfica oferece imensas possibilidades de melhorar a produtividade das culturas - quer sejam culturas de sequeiro ou de irrigação em pequena escala - e a biomassa para o gado. O conceito de desenvolvimento e gestão integrados e participativos das bacias hidrográficas surgiu como a pedra angular do desenvolvimento rural nas regiões secas e semi-áridas e noutras regiões de sequeiro do mundo, e constitui uma mudança de paradigma em relação às anteriores abordagens baseadas em parcelas para a conservação do solo e da água.

Após a independência, a produção e a produtividade agrícolas foram reforçadas, principalmente através da expansão vertical, com pouca expansão horizontal. Assim, a agricultura indiana alcançou a autossuficiência alimentar, mas a tendência para a degradação dos recursos naturais surgiu como um problema grave. Depois de a Índia ter alcançado a independência, a importância das autoridades executivas a nível das aldeias diminuiu gradualmente na Índia devido a mudanças nas políticas no contexto democrático e à liberalização do espírito de liberdade. Esta situação provocou mais danos à vegetação nas zonas rurais, o que levou à deterioração do ambiente através da degradação dos solos (Achut, Reddy e Dilip, 2004). As pressões demográficas e socioeconómicas, não obstante a intensificação agrícola desatenta, a utilização excessiva de terras marginais, a utilização desequilibrada de fertilizantes, o esgotamento da matéria orgânica e a deterioração da saúde do solo, o desvio extensivo de terras agrícolas de primeira qualidade para utilizações não agrícolas, a utilização abusiva e ineficaz da água de irrigação, o esgotamento dos aquíferos, a salinidade das terras férteis e o alagamento, a desflorestação, a perda de biodiversidade e a erosão genética e as alterações climáticas são as principais causas subjacentes (Ghosh, 2011).

Atualmente, a Índia tem cerca de 18% da população mundial e 15% da população pecuária, que devem ser suportados por apenas 2% da área geográfica mundial e 1,5% das terras florestais e de pastagem (Reddy, 2010). A Índia tem de superar a pressão de uma população em rápido crescimento, que, segundo as estimativas, atingirá 1 225 milhões de seres humanos e 600 milhões de animais até 2015 d.C., necessitando de 275 milhões de toneladas de cereais alimentares, 1083 milhões de toneladas de forragens verdes e 235 milhões de metros cúbicos de lenha, em comparação com a nossa atual capacidade de abastecimento de 240 milhões de toneladas de cereais alimentares, 513 milhões de toneladas de forragens verdes e 40 milhões de metros cúbicos de lenha (Samra e Narain, 2000). Por conseguinte, é evidente que a produtividade das terras tem de ser desenvolvida para fazer face a esta disparidade, o que exercerá uma pressão ainda maior sobre os recursos naturais já em declínio.

Tendo em conta esta tendência de declínio dos recursos naturais, especialmente após a revolução verde e para o desenvolvimento de terras degradadas, o Governo da Índia e os diferentes governos provinciais adoptaram medidas de melhoramento, tais como medidas de florestação, medidas de conservação do solo, programas de utilização da água de escoamento, *etc.* No entanto, os resultados esperados não foram obtidos de forma constante e contínua. Por conseguinte, o Governo da Índia lançou programas de desenvolvimento de bacias hidrográficas (WDP) em 1983-84, com o objetivo de conservar e utilizar os recursos naturais para aumentar a produtividade e melhorar o estatuto socioeconómico. Os programas de desenvolvimento de bacias hidrográficas foram alargados, gastando cerca de 100 000 milhões de rupias por ano desde então até agora. Embora tenha sido levado a cabo desde 1983-84, o impacto do programa de bacias hidrográficas deve ser avaliado para desenvolver melhores estratégias/políticas para preservar, conservar e utilizar os recursos naturais para melhorar a população em constante crescimento.

O conceito de gestão de bacias hidrográficas é tão antigo como o conceito de culturas cultivadas em condições de regadio e este conceito levou ao desenvolvimento de tanques/reservatórios para aumentar a produção e satisfazer a procura de uma população em constante crescimento desde há muito tempo. Durante o raj britânico na Índia, a administração britânica deu os primeiros passos para resolver o grave problema da erosão, iniciando um projeto de recuperação de ravinas já em 1900 na Província Unida (atualmente o estado de Uttar Pradesh). Após a independência, os programas de conservação do solo e da água nas bacias hidrográficas do vale do rio (1961-62) e o projeto de rios propensos a inundações (1980-81) foram o primeiro passo nesta direção. O êxito de vários programas culminou no projeto maciço do National Watershed Development Project for Rain fed Agriculture (NWDPRA) e na participação de várias agências internacionais de financiamento, como o Banco Mundial, a Cooperação Económica Europeia (CEE), a Organização das Nações Unidas para a Alimentação e a Agricultura (FAO-PNUD), *etc.* Em 1973-74, foi lançado o Programa para as Zonas Propensas à Seca (DPAP), com o objetivo de resolver os problemas específicos enfrentados pelas zonas constantemente afectadas por condições de seca. O Programa de Desenvolvimento dos Desertos (DDP) foi lançado em 1977-78 para atenuar os efeitos adversos da desertificação. O objetivo geral era promover o desenvolvimento económico global e a melhoria das condições socioeconómicas das populações pobres em recursos que habitam as zonas abrangidas pelo programa. O Governo da Índia lançou programas de desenvolvimento de bacias hidrográficas (WDP) em 1983-84 e o DPAP e o DDP foram integrados no modo de bacias hidrográficas em 1987. O Programa Integrado de Desenvolvimento de Terrenos Baldios (IWDP), lançado em 1989 sob a égide do Conselho Nacional de Desenvolvimento de Terrenos Baldios, também tinha como objetivo o desenvolvimento de terrenos baldios com base em bacias hidrográficas. Todos estes três programas foram integrados nas diretrizes para o desenvolvimento de bacias hidrográficas, com efeitos a partir de 1.4.1995, uma vez que a gestão integrada dos recursos naturais, nomeadamente a terra, a água, a vegetação, os animais e o ambiente, com base em bacias hidrográficas, surgiu como uma abordagem holística lógica e mais eficaz para a produção sustentável e o desenvolvimento global. Outros programas importantes que estão agora a ser implementados através desta abordagem são o Projeto Nacional de Desenvolvimento de Bacias Hidrográficas em Áreas de Pluviosidade (NWDPRA) e o Desenvolvimento de Bacias Hidrográficas em Áreas de Cultivo Itinerante (WDSCA) do Ministério da Agricultura (Ministério da Agricultura, 2012).

Cenário dos recursos naturais na Índia

Os recursos naturais da luz solar, da água e da terra constituem os principais sistemas de apoio à vida de todas as formas de vida - micróbios, vegetação, animais e seres humanos. As inter-relações e interdependências entre a água, a terra, a vegetação e os recursos animais determinam a natureza e o tipo de sistemas de apoio aos meios de subsistência, especialmente nas zonas rurais. O esgotamento da base de recursos naturais e o aumento da procura de biomassa pela população humana e animal em expansão estão a atrair a atenção de todos os interessados: agricultores, técnicos, cientistas, administradores e decisores políticos. A degeneração dos recursos naturais, em especial nas zonas de chuva, está a assumir proporções alarmantes. Embora reconhecendo o facto de que as comunidades locais dispõem de conhecimentos e experiências indígenas em matéria de utilização dos recursos naturais, que poderiam constituir a base para a elaboração de estratégias de gestão sustentável dos recursos naturais, considera-se que a preocupação a longo prazo deve ser a de desenvolver sistemas mais sustentáveis de apoio aos meios de subsistência rurais. Por conseguinte, torna-se imperativo observar as mudanças que estão a ocorrer no padrão de utilização dos solos, em geral, e no sector agrícola, em particular, que podem ter implicações para a biodiversidade e o ecossistema locais, bem como para a segurança alimentar e nutricional da população local. A gestão tradicional do gado pode ser utilizada e podem ser transferidas competências para os proprietários de gado para aumentar a produção de biomassa através da conservação de forragens verdes, forragens secas e do cultivo de árvores forrageiras. É igualmente importante que as introspecções social, económica, ecológica e ambiental sejam aplicadas à questão da produção de biomassa física através de diferentes intervenções, especialmente nos trópicos áridos e semi-áridos.

Recursos hídricos

A água é o componente mais importante do sistema de apoio à vida. A Índia partilha cerca de 18% da população mundial, mas dispõe apenas de 4% do total dos recursos hídricos. A escassez de água, especialmente nas zonas de chuva, está a causar sérias dificuldades.

O caudal médio anual de água de superfície disponível no país está estimado em cerca de 1869 mil milhões de metros cúbicos (b. cm). No entanto, apenas cerca de 690 mil milhões de metros cúbicos podem ser utilizados, para além dos recursos anuais de água subterrânea reabastecíveis de 432 mil milhões de metros cúbicos. Assim, o recurso hídrico total utilizável no país está avaliado em 1122 mil milhões de metros cúbicos (Ministério dos Recursos Hídricos, 2001). A nível nacional, a disponibilidade de água está a diminuir. Os recursos hídricos internos anuais renováveis na Índia diminuíram 652 metros cúbicos per capita em apenas dois anos, passando de 1896 metros cúbicos em 1998 para 1244 metros cúbicos em 2000 (PNUD, 2000). Estima-se que o total anual dos nossos recursos hídricos renováveis seja da ordem dos 350 milhões de metros-hectare (m.hm), dos quais cerca de 160 milhões de metros-hectare regressam ao mar sob a forma de caudal fluvial (Vohra, 1990).

Nesta situação, a tarefa mais importante que o país tem pela frente no domínio da gestão dos recursos hídricos da Índia é prestar especial atenção à conservação das águas pluviais, especialmente as que caem nas nossas vastas terras de sequeiro, mas a maior parte das quais escorre para fora delas. Se a precipitação adequada for armazenada no próprio perfil do solo como água sub-superficial e nos poços como água subterrânea, isso pouparia o solo à erosão que ocorre devido ao escoamento superficial, atenuaria o impacto das secas e das inundações e minimizaria o assoreamento dos reservatórios, para além de otimizar a produtividade das terras alimentadas pela chuva. Os recursos hídricos no país estão distribuídos de forma desigual. Algumas regiões têm abundância, enquanto outras sofrem de escassez aguda. A precipitação na Índia, a principal fonte de água doce, é caracterizada como errática, em termos de quantum, intensidade e distribuição. A maior parte da chuva cai em quatro meses (junho a setembro) em tempestades de alta intensidade (períodos de chuva) em alguns dias de chuva intercalados com longos períodos de seca. A estação das chuvas é seguida de um inverno seco e de um verão seco e quente com uma evapotranspiração muito elevada. O desafio hidrológico é: como deslocar a água da chuva a tempo, de modo a que a água da chuva de quatro meses possa ser utilizada durante doze meses para múltiplas utilizações: beber humano e gado, consumo doméstico e irrigação vital, da qual depende a segurança alimentar em zonas de chuva. Dada a situação de baixa pluviosidade nas condições tropicais/subtropicais e no atual cenário de esgotamento dos recursos hídricos, é necessária uma atenção urgente para o desenvolvimento sustentável e a utilização dos recursos hídricos (relatório da Comissão de Planeamento, 2007).

Recursos terrestres:

A terra é vital, mas é um recurso pouco elástico. A quota-parte da Índia nos recursos terrestres do mundo é de apenas 2%, sobre os quais sobrevivem 18% da população mundial e 15% da população pecuária mundial (Reddy, 2010). A disponibilidade de terras per capita na Índia está a diminuir com o crescimento da população. Era de 0,89 hectares per capita em 1950-51 e diminuiu para 0,33 hectares per capita em 1999-2000. A Índia tem uma área geográfica de 328,73 milhões de hectares (m. ha). A área declarada de 304,88 milhões de hectares inclui 142,82 milhões de hectares de área semeada líquida, dos quais 87,68 milhões de hectares são de sequeiro, e 68,75 milhões de hectares de terras florestais, dos quais 31 milhões de hectares são florestas degradadas. Estima-se que cerca de 63,8 milhões de hectares sejam terrenos baldios não utilizados ou subutilizados (Wasteland Atlas of India, Ministério do Desenvolvimento Rural, 2000). Estima-se que uma área de 174,2 milhões de hectares esteja potencialmente exposta a várias forças de degradação, como a erosão hídrica (153,2 milhões de hectares) e eólica (15 milhões de hectares). Cerca de 40 milhões de hectares estão sujeitos a inundações e 22 milhões de hectares não podem ser recuperados para a produção agrícola. Uma área de cerca de 25 milhões de hectares é afetada pela acidez, com um pH inferior a 5,5, e 33,7 milhões de hectares estão degradados devido a problemas específicos como o alagamento (8,5 milhões de hectares), a sodicidade (13,6 milhões de hectares), a salinidade (5,5 milhões de hectares), a agricultura itinerante (5 milhões de hectares), as ravinas e os barrancos (4 milhões de hectares) e as terras de chuva e de torrentes (2,73 milhões de hectares). (Wasteland Atlas of India, Ministério do Desenvolvimento Rural, 2000).

Estes terrenos baldios e terrenos expostos a várias forças de degradação necessitam de uma atenção especial, tanto do ponto de vista ecológico como socioeconómico. Para além da recuperação, a tendência de degradação deve ser travada e invertida. Importa sublinhar que os baldios, especialmente os recursos de propriedade comum, constituem a tábua de salvação da biomassa para as populações rurais pobres. Historicamente, as terras devolutas não são terras devolutas, mas recursos de propriedade comum. Essas terras podem ter sido terras devolutas para a administração colonial baseada nas receitas, uma vez que não contribuíam com receitas para a coroa. Num Estado-providência, as chamadas terras devolutas devem tornar-se bens produtivos, não só para as famílias sem terra e os agricultores marginais, mas também para toda a comunidade rural. A recuperação dessas terras e a distribuição equitativa da biomassa nelas produzida devem ter a máxima prioridade (relatório da Comissão de Planeamento, 2007).

Recursos vegetais

A grande variabilidade dos recursos vegetais nas diferentes regiões (atualmente 70 milhões de hectares) está coberta por florestas na Índia. A disponibilidade florestal per capita é de apenas 0,07 hectares. A desflorestação tem sido uma das principais causas da degradação dos solos. Em 1993, o país registou um défice de 570 milhões de toneladas (m.t) de forragens verdes, 276 milhões de toneladas de forragens secas, 9 milhões de toneladas de madeira, 6 milhões de toneladas de madeira para pasta de papel e 80 milhões de toneladas de lenha. A agricultura tradicional é dotada de uma base genética e de uma biodiversidade muito mais vastas. A investida da agricultura intensiva para maximizar o rendimento pode pôr em perigo o germoplasma autóctone (raças e variedades). A biodiversidade pode ser conservada e utilizada em sequência de topo nas bacias hidrográficas em diferentes situações agro-ecológicas. A biodiversidade, que é essencial para a gestão sustentável dos recursos naturais em zonas pluviais, está ameaçada pelas tendências modernas de desenvolvimento da agricultura, da pecuária e da silvicultura. Felizmente, muitos indivíduos e instituições estão a erguer-se para preservar a biodiversidade (relatório da Comissão de Planeamento, 2007)

Desenvolvimento de bacias hidrográficas

Bacia hidrográfica significa uma área geográfica onde a retenção de água é negligenciável e a água escorre da área através de um ponto de drenagem comum - um rio, um riacho ou uma *nala, etc.* Consequentemente, a recarga das águas subterrâneas não tem lugar na bacia hidrográfica e mesmo a humidade do solo não é retida. Mesmo que a precipitação seja suficiente na bacia hidrográfica, a área torna-se imprópria para a agricultura, a horticultura e outras actividades de base agrícola. Assim, o desenvolvimento da bacia hidrográfica visa basicamente a retenção de toda a água que a bacia recebe, de modo a aumentar a humidade do solo, regenerar a cobertura vegetal e recarregar as águas subterrâneas, para que as pessoas que vivem na bacia hidrográfica possam dedicar-se localmente à sua subsistência através da agricultura, da horticultura, da piscicultura e de vários outros meios, incluindo a criação de animais, as indústrias caseiras, *etc.* Os baldios e as terras degradadas também foram incluídos no âmbito do desenvolvimento das bacias hidrográficas. Espera-se que todas estas actividades sejam planeadas e executadas pela população local, na medida do possível, de uma forma sustentável, através de grupos de autoajuda, grupos de utilizadores e com a participação da comunidade no seu conjunto.

Objectivos do desenvolvimento das bacias hidrográficas na Índia

O desenvolvimento de bacias hidrográficas tem como objetivo equilibrar a conservação, a regeneração e a utilização pelos seres humanos dos recursos terrestres e hídricos numa bacia hidrográfica. Os benefícios comuns de projectos de desenvolvimento de bacias hidrográficas bem sucedidos incluem a melhoria dos rendimentos agrícolas e o aumento do acesso à água potável. Os atributos globais da abordagem de desenvolvimento de bacias hidrográficas são, de um modo geral, triplos, *nomeadamente* a promoção do desenvolvimento económico da zona rural, a criação de emprego e o restabelecimento do equilíbrio ecológico. No entanto, os múltiplos objectivos incluem:

Ambientais: Para proteger o coberto vegetal durante todo o ano, criar um equilíbrio ecológico na área da bacia hidrográfica, proteger o solo fértil, utilizar a terra com base nas suas capacidades, conservar in situ a água da chuva, aumentar a recarga das águas subterrâneas.

Económico: Chama a atenção para o aumento da intensidade das culturas através de culturas intercalares e sequenciais, maximizando o rendimento das explorações agrícolas através de actividades relacionadas com a agricultura, tais como a criação de gado leiteiro, aves de capoeira, ovinos e caprinos, melhorando e mantendo o estatuto de subsistência da comunidade da bacia hidrográfica, com especial ênfase nos pobres e nas mulheres.

Institucional: Inclui a formação de comités de bacias hidrográficas e grupos de autoajuda, estabelecendo uma organização comunitária sustentável.

Social: Inclui a redução da pobreza, a sensibilização, a melhoria das competências da comunidade local, as actividades de reforço das capacidades, a participação das mulheres no processo de tomada de decisões e a capacitação da comunidade.

Equidade: Desenvolver uma distribuição equitativa dos benefícios do desenvolvimento dos recursos terrestres e hídricos e da consequente produção de biomassa, envolvimento das comunidades das aldeias no planeamento participativo, implementação, arranjo social e ambiental, manutenção dos activos e operar de uma forma socialmente mais inclusiva (Singh, Bahera e Singh, 2011)

Participação da população no programa de desenvolvimento da bacia hidrográfica

A experiência tem demonstrado que a sustentabilidade dos projectos de gestão de bacias hidrográficas está intimamente ligada à participação efectiva das comunidades que vivem dos recursos naturais. Isto requer um esforço sustentado para informar e educar a comunidade rural, demonstrar-lhe os benefícios do desenvolvimento da bacia hidrográfica e que o projeto deve ser planeado e implementado localmente pela comunidade rural, com ajuda externa de peritos (do governo e de agências não governamentais), conforme necessário.

Uma vez que as sociedades rurais nos países pobres e em desenvolvimento são plurais e estratificadas, as divisões baseiam-se no género, na casta e nos grupos religiosos e no estatuto socioeconómico, incluindo a posse da terra, assegurar a participação de todos os sectores torna-se um grande exercício de paciência e de manobra social. Estas condições exigem uma abordagem flexível e uma capacidade de resposta a situações diversas e muitas vezes inesperadas. O melhor desempenho dos projectos com níveis mais elevados de participação parece estar relacionado com os sistemas de subsistência complexos, muitas vezes específicos de cada local, que prevalecem localmente. É importante compreender as condições em que as pessoas participam nos programas de gestão das bacias hidrográficas. Estas são: (i) sensibilizar as pessoas para os potenciais benefícios da ação colectiva na conservação e gestão dos recursos naturais; (ii) incluir actividades orientadas para a procura no programa da bacia hidrográfica; (iii) capacitar as pessoas para o planeamento, a execução e a gestão dos programas da bacia hidrográfica; e (iv) esperar benefícios económicos privados elevados (Rao e Reddy, 2010). O principal desafio consiste em beneficiar os participantes sem terra, os socialmente desfavorecidos e os pobres em recursos, que têm pouca capacidade para pagar os diferentes programas.

Programa integrado de desenvolvimento de terrenos baldios em Bengala Ocidental

O Departamento de Recursos Terrestres do Ministério do Desenvolvimento Rural lançou o Programa Integrado de Desenvolvimento de Terras Desertas (IWDP) em 1989 para controlar a diminuição da produtividade das terras desertas e a perda de recursos naturais. Os projectos no âmbito do IWDP são geralmente sancionados em zonas que não são abrangidas pelo Programa de Desenvolvimento dos Desertos ou pelo Programa de Zonas Propensas à Seca. Os projectos do IWDP cobrem uma área de 5000-6000 hectares e as normas de custo para estes regimes foram revistas para 6000 rupias por hectare. Em Bengala Ocidental, a partir de 2003, este projeto foi executado de acordo com as orientações de Hariyali pelo departamento de Panchayat e Desenvolvimento Rural. Atualmente, o IWDP é executado em quatro distritos de Bengala Ocidental, nomeadamente Burdwan, Birbhum, Bankura e Paschim Medinapur. Estava prevista a conclusão de um total de vinte e oito projectos em 2009-10.

Componentes:

Como todos os outros programas de gestão de bacias hidrográficas, o IWDP também tem os seguintes componentes:

1. Medidas de conservação do solo e da humidade.

2. Medidas de recolha de água.
3. Plantação de árvores e arbustos polivalentes e desenvolvimento de pastagens
4. Promoção da agro-silvicultura e da horticultura.
5. Formação, extensão e sensibilização.
6. Incentivar a participação das pessoas.
7. Actividades de subsistência para pessoas com menos recursos.
8. Sistema de produção e microempresa. (Departamento de Recursos Fundiários)

1.1 Declaração do problema

Os Programas de Desenvolvimento de Bacias Hidrográficas (WDPs) foram considerados altamente prioritários nos planos de desenvolvimento da Índia (Singh, 1991). Estes programas foram iniciados na Índia para melhorar e manter a produtividade e o potencial de produção das regiões secas e semi-áridas do país através da adoção de técnicas adequadas de produção e conservação. O programa de desenvolvimento das bacias hidrográficas foi considerado como um programa-chave que poderia responder aos desafios emergentes e complexos das zonas afectadas por uma pobreza deplorável, um enorme desemprego e uma degradação aguda dos recursos naturais. O programa foi considerado um catalisador para a revolução verde de segunda geração (que o ICRISAT designa por "Revolução Verde Cinzenta").

O Programa de Desenvolvimento de Bacias Hidrográficas foi iniciado na Índia há mais de 35 anos, inicialmente centrado em zonas propensas a secas, e o programa foi originalmente iniciado e ativado por organizações de base em regiões áridas e semi-áridas. Alguns desses primeiros projectos revelaram um êxito visível e surpreendente, com o aumento dos meios de subsistência e dos rendimentos e a redução do trabalho pesado. Por conseguinte, esses programas ganharam popularidade e depressa se tornaram programas de subsistência ativamente encorajados pelo governo. Dado que a importância do desenvolvimento das bacias hidrográficas como programa de conservação está a ser reconhecida não só para as zonas de chuva, mas também para as zonas de elevada pluviosidade, as regiões costeiras e as zonas de captação das barragens, e à medida que se vai estendendo, os estudos sobre estes programas identificaram várias questões que contribuíram para a sustentabilidade e o êxito das actividades empreendidas no âmbito destes programas e o seu impacto nos meios de subsistência dos agricultores participantes. No entanto, a avaliação intercalar do nono plano da Comissão de Planeamento, publicada em outubro de 2000, indicava que "vários estudos de avaliação realizados sobre vários projectos executados no âmbito do programa nacional de desenvolvimento de bacias hidrográficas em zonas de sequeiro (NWDPRA) indicam impactos benéficos, tais como o aumento da intensidade das culturas, a alteração do padrão de cultivo, o aumento da produtividade das culturas e o aumento da recarga subterrânea em resultado de medidas de conservação, a redução das perdas de solo e de escoamento com um menor efeito de assoreamento e a redução da sedimentação a nível das bacias hidrográficas. Estes projectos também geraram emprego e aumentaram os rendimentos familiares através de um sistema agrícola diversificado, como o desenvolvimento da pecuária, a horticultura de sequeiro e as actividades de produção doméstica". Mas há também um outro lado da questão: "Um inquérito realizado em 70 aldeias de Maharashtra e Andhra Pradesh, abrangendo vários programas de bacias hidrográficas, revelou que os projectos não conseguiram criar sustentabilidade nas actividades de conservação e gestão devido ao facto de as agências governamentais não terem conseguido envolver as pessoas. Para que as actividades de gestão dos recursos naturais no âmbito de projectos de bacias hidrográficas sejam sustentáveis, são necessários sistemas geridos pela comunidade, que só podem ser bem sucedidos com a contribuição dos agricultores e o seu empenho em termos de tempo e recursos.

Para fazer face aos problemas que afectam negativamente a sustentabilidade e os meios de subsistência, os governos central e estatal reviram várias vezes as orientações e a estrutura do programa. A partir de 1.4.1995, todos os programas de gestão dos recursos naturais foram integrados nas diretrizes para o desenvolvimento das bacias hidrográficas como gestão integrada dos recursos naturais, nomeadamente: terra, água, vegetação, animais e ambiente numa base de bacia hidrográfica para obter melhores resultados. No entanto, um estudo sobre vários aspectos relacionados com o projeto de bacia hidrográfica implementado ao abrigo das diretrizes revistas pelo Instituto Internacional de Investigação Agrícola para os Trópicos e Semi-Áridos (2001) no Rajastão revelou que existe falta de equidade nos benefícios para os pequenos proprietários e os sem-terra, falta de sustentabilidade na gestão dos projectos após a sua conclusão, falta de conhecimentos e de participação comunitária nos projectos de bacia hidrográfica, falta de métodos e modelos de aumento de escala e falta de abordagens holísticas no apoio técnico à maioria das actividades de conservação e gestão por parte de organizações não governamentais.

Por conseguinte, é necessário examinar em que medida as diretrizes revistas do governo (emitidas em 1.04.2003) conseguiram simplificar o procedimento e envolver as instituições Panchyati Raj e a população local no planeamento, execução e gestão das actividades de gestão dos recursos naturais para o desenvolvimento económico das zonas rurais. Assim, o presente estudo foi realizado para responder às seguintes questões de investigação.

1.2 Questões a investigar

1. Em que medida as estratégias alteradas resultaram na sustentabilidade da gestão dos recursos naturais?
2. Quais são os factores que contribuem para o desenvolvimento sustentável dos recursos naturais?
3. Quais são os factores que influenciam a participação das pessoas?
4. Quais são os constrangimentos que os agricultores enfrentam para participar nas actividades de gestão dos recursos naturais no âmbito do IWDP?
5. Para obter respostas adequadas a estas questões de investigação, o presente estudo foi concebido com os seguintes objectivos

1.3 Objectivos

1. Estudar as caraterísticas socioeconómicas e de comunicação dos agricultores participantes no Programa Integrado de Desenvolvimento de Terras Desertas (IWDP).
2. Descobrir o grau de participação dos agricultores nas actividades de gestão dos recursos naturais no âmbito do Programa Integrado de Desenvolvimento de Terras Desertas na área de estudo.
3. Avaliar a sustentabilidade das actividades de gestão dos recursos naturais realizadas no âmbito do Programa de Desenvolvimento Integrado das Terras Desertas.
4. Estudar a relação entre as caraterísticas socioeconómicas e de comunicação dos agricultores e o grau de participação.
5. Estudar os constrangimentos enfrentados pelos agricultores ao participarem em actividades de gestão dos recursos naturais no âmbito do Programa Integrado de Desenvolvimento de Terras Desertas.

1.4 Âmbito do estudo

❖ O estudo proporcionará uma análise aprofundada da sustentabilidade das actividades de gestão dos recursos naturais no âmbito do Programa de Desenvolvimento Integrado de Terras

Desertas, que poderá fornecer diretrizes para futuros projectos de desenvolvimento de bacias hidrográficas, a fim de planear e implementar cuidadosamente as actividades.

- O estudo fornecerá uma visão geral da participação das pessoas neste tipo de programa e também permitirá visualizar até que ponto o estatuto socioeconómico e as caraterísticas de comunicação influenciam a participação das pessoas. .

- Os resultados também destacarão os constrangimentos enfrentados pelos agricultores participantes no programa e o pessoal técnico para implementar as actividades de gestão dos recursos naturais também lançará luz sobre a sua opinião para tornar as actividades e o projeto mais sustentáveis.

- O estudo identificará de forma crítica os factores associados à sustentabilidade da gestão dos recursos naturais e também os meios de subsistência das famílias participantes.

1.5 Limitações do estudo

- O estudo limitou-se ao distrito de Bankura, em Bengala Ocidental, por razões de tempo, dinheiro e outros recursos; por conseguinte, as conclusões não podem ser generalizadas para outras partes do país.

- O estudo também se limitou apenas ao IWDP. Assim, os seus resultados podem ter uma aplicabilidade limitada noutros programas de gestão de bacias hidrográficas.

- Neste estudo, foram tidos em consideração apenas alguns factores/variáveis, em particular no estudo dos parâmetros de sustentabilidade.

- Devido à conceção do tipo ex-post facto, a influência de outras variáveis intervenientes não será medida.

CAPÍTULO 2

Revisão da literatura

A base de qualquer investigação assenta nos estudos efectuados no passado. Uma visão geral dos estudos pertinentes na mesma área de investigação ajuda o investigador a conceber uma metodologia sólida. Por conseguinte, toda a literatura disponível dos estudos anteriores é apresentada neste capítulo sob os seguintes títulos:

2.1 Caraterísticas socioeconómicas e de comunicação dos agricultores participantes

2.2 Participação das pessoas na gestão dos recursos naturais

2.3 Indicadores de sustentabilidade da gestão dos recursos naturais

2.4 Constrangimentos na gestão dos recursos naturais

2.1 Caraterísticas socioeconómicas e de comunicação dos agricultores participantes.

Prasad (1994), num estudo sobre os desafios para satisfazer as futuras necessidades de água em Karnataka, observou que 51% dos agricultores tinham um contacto médio com a extensão, seguido de 32,78% com um nível baixo e 16,66% com um nível elevado de contacto com a extensão.

Anandaraja (1999) realizou um estudo sobre a mecanização das explorações agrícolas em Tamil Nadu e constatou que pouco menos de metade (48,12%) dos inquiridos tinham uma participação social baixa, enquanto cerca de dois quintos (43,75%) tinham um nível médio e 8,13% tinham um nível elevado de participação social, respetivamente, e também referiu que menos de metade (45%) dos inquiridos tinham um nível médio de contacto com as agências de extensão, seguidos de 33,37% que tinham um nível baixo e 21,25% que tinham um nível elevado de contacto com as agências de extensão.

Manay e Farzana (2000), no seu estudo sobre as caraterísticas socioeconómicas das famílias rurais, constataram que 25% das famílias tinham menos de cinco membros

e 65,2 por cento tinham três a sete membros nas suas famílias, o que revela uma tendência decrescente na dimensão das famílias.

Madhavareddy (2001) realizou um estudo sobre a participação das pessoas no Programa de Desenvolvimento de Bacias Hidrográficas implementado por organizações governamentais e não governamentais, que indicou que 35% dos inquiridos eram agricultores marginais, 26,60% eram pequenos agricultores e 21,80% eram agricultores médios.

Basavarajaiah (2001) referiu que o nível de instrução das famílias de agricultores do distrito de Mahaboobnagar era de 74,17%, dos quais 11,67% tinham o ensino primário, 8,33% o ensino médio, 4,17% o ensino secundário e uma pequena percentagem (4,17%) tinha concluído o ensino superior.

Sridhar (2002) revelou que 35,33% dos agricultores contactavam regularmente os funcionários da agricultura, enquanto 32,00 e 32,67% deles contactavam ocasionalmente e nunca contactavam os funcionários da agricultura, respetivamente. Quarenta e dois por cento dos agricultores contactaram regularmente *os Raitha Samparka Kendras,* enquanto 29,33% e 28,66% deles contactaram ocasionalmente e nunca contactaram *os Raith Samparka Kendras*, respetivamente.

Singh *et al.* (2003), num estudo efectuado em Haryana, constataram que mais de dois terços dos produtores de cogumelos (69 por cento) pertenciam ao grupo etário médio (35 a 50 anos). No que diz respeito à educação, cerca de metade dos produtores de cogumelos tinham um nível de educação até ao ensino secundário ou superior. A propriedade média das terras era inferior a cinco acres. Verificou-se também que mais de dois terços (70%) dos produtores de cogumelos não tinham participado em nenhuma organização formal. Verificou-se também que 44% dos inquiridos tinham um baixo nível de estatuto socioeconómico, enquanto a maioria tinha um baixo nível de contacto com a extensão. Um terço dos produtores tinha uma categoria elevada de orientação para o risco, dois quintos tinham pouca exposição aos meios de comunicação social e tinham um nível elevado de orientação científica.

Raghunandan (2004), num estudo sobre os conhecimentos e o nível de adoção de práticas de gestão do solo e da água pelos agricultores, revelou que a maioria (73,75%) dos inquiridos era alfabetizada, dos quais 22,50% estudaram até ao ensino primário, 20% estudaram até ao ensino secundário, 15% estudaram até ao ensino secundário, 11,25% estudaram até à universidade, enquanto 5% tinham uma licenciatura e 23,28% eram analfabetos.

Joseph e Easwaran (2006), num estudo sobre os grupos de autoajuda e o desenvolvimento tribal realizado no distrito de Aizawl, em Mizoram, referiram que a maioria dos inquiridos tinha entre 40 e 60 anos, seguidos de 30,77% que se enquadravam na categoria de idade inferior a 40 anos e 15,38% que pertenciam à categoria de idade superior a 60 anos. A idade média dos membros era de 48 anos.

Bagheri *et al.* (2008), num estudo sobre as "Percepções dos produtores de arroz em relação às tecnologias agrícolas sustentáveis", concluíram que os agricultores tinham um baixo nível de instrução, eram bastante idosos e experientes. Cerca de 34% dos inquiridos pertenciam ao grupo etário dos 20 aos 40 anos, seguidos de 37% e 29% nos grupos etários dos 41 aos 50 e dos 51 aos 81 anos, respetivamente. Os resultados também mostraram que a experiência agrícola de 86,5% dos inquiridos era superior a 10 anos. No que respeita ao nível de instrução, 10,6% dos inquiridos eram analfabetos. O nível de instrução de 23,5%, 25,3% e 27,7% dos inquiridos era o ensino primário, o ensino secundário e o diploma, respetivamente, e 12,9% dos inquiridos tinham concluído o ensino superior. Apenas 5,9% dos inquiridos concluíram o ensino superior em escolas agrícolas ou faculdades. No que se refere à ocupação, todos os inquiridos referiram a agricultura (cultivo de arroz, jardinagem e sector pecuário) como a sua principal ocupação. Por outro lado, devido às pequenas propriedades, 43,5% dos agricultores tinham rendimentos não agrícolas. No caso das explorações fundiárias, havia dois sistemas de posse de terra: O sistema de propriedade fundiária e o sistema de parceria. No que se refere à propriedade da terra, 7,7% dos inquiridos não tinham terra, 48,2% possuíam menos de um hectare, seguidos de 39,4% e 4,7% que possuíam 1,1 a 3 e 3,1 a 6 hectares, respetivamente, com uma dimensão média de 1,4 hectares.

Abolhasan *et al.* (2010), num estudo sobre a "Atitude dos agricultores em relação à agricultura sustentável e seus determinantes", constataram que o nível de escolaridade do máximo de agricultores (30%) era o primário e que o número médio de membros da família dos agricultores era de cinco pessoas. A dimensão média da exploração agrícola era de 5,5 hectares e a média das terras irrigadas era de 4,1 hectares. A maioria dos agricultores era proprietária de terras e o sistema agrícola dominante na região era a agronomia e a criação de animais.

Rao e Reddy (2010), no seu estudo "Systematic Evaluation of Integrated Wastelands Development Programme and Draught Prone Areas Programme", referiram que o nível de literacia variava entre 40 e 53% dos participantes. A percentagem de trabalhadores principais era de cerca de 39,34%, sendo a mais elevada em Devarakonda (cerca de 50%). Os trabalhadores agrícolas, bem como os cultivadores, são elevados em Devarakonda e Peapully Mandals. Cerca de 68% das terras eram cultivadas em Devanakonda, enquanto apenas 45,59% eram cultivadas em Banaganapalli Mandal. Os pequenos agricultores e os agricultores marginais constituíam mais de metade da área cultivada e os médios agricultores representavam 30 a 40% da área cultivada, enquanto os grandes agricultores representavam cerca de 10%. A superfície líquida irrigada variava entre 8,92 em Devanakonda e 16,73% em Betamcherla. Assim, a seleção de Peapully para o Programa Integrado de Desenvolvimento de Terras Desgastadas e de outros mandatos para a execução do Programa de

Zonas Propensas à Seca é altamente justificada.

2.2 Participação das pessoas na gestão dos recursos naturais

Suresh (1990) efectuou um estudo em Kerala e revelou que apenas 32% dos beneficiários tinham um nível de participação satisfatório, enquanto 68% dos beneficiários tinham um baixo nível de participação nos programas de desenvolvimento de uma organização não governamental.

Singh (1990) observou que as pessoas participam em projectos de gestão de bacias hidrográficas quando o benefício privado esperado da participação é superior ao custo privado dos participantes.

Kanju (1992) definiu a participação dos membros em termos de participação dos membros em discussões, reuniões, participação em comités, ajuda financeira, fornecimento de instalações físicas, *etc.*

Ramanna (1999) referiu que existe uma variação significativa no grau de participação dos beneficiários. Cerca de três quartos dos agricultores tinham um nível médio de participação, em comparação com cerca de metade que tinham uma participação reduzida.

Kishor (2000) revelou que a participação das pessoas nos programas de desenvolvimento se articula em termos de eficiência e/ou rentabilidade, equidade na distribuição dos benefícios, sustentabilidade e capacitação das pessoas.

Madhavareddy (2001), que estudou a participação das pessoas em projectos de desenvolvimento de bacias hidrográficas, indicou que, nos projectos implementados pelo governo, a maior parte dos beneficiários tinha um nível de participação médio, seguido de 35% de beneficiários com um nível de participação baixo, enquanto nos projectos implementados por organizações não governamentais, a maioria dos beneficiários tinha um nível de participação elevado (58%), seguido de um nível baixo.

Sharma (2001) referiu que o êxito do desenvolvimento da bacia hidrográfica implementado por uma organização não governamental, a Tarun Bharat Sangha (TBS), sediada na aldeia de Kishori, no distrito de Alwar, no Rajastão, se deveu à participação efectiva dos beneficiários no programa. A organização não governamental formou uma *Jal Biradari* (força de trabalho no domínio da água), constituída por pessoas de zonas rurais e urbanas, que trabalham em conjunto para assegurar a participação da comunidade no programa de desenvolvimento da bacia hidrográfica.

Chandra (2002), num estudo realizado no distrito de Nilgiri, em Tamil Nadu, verificou que o grau de envolvimento da comunidade em várias actividades no âmbito do programa de gestão da bacia hidrográfica de Kattery revelou que o índice de participação das pessoas medido era de 0,71 no planeamento, 0,56 na execução e 0,46 na fase de manutenção pós-implementação do projeto.

Joy *et al.* (2004), num estudo sobre o desenvolvimento de bacias hidrográficas na Índia, revelaram que os benefícios eram mais elevados nas bacias hidrográficas em que a participação das pessoas era elevada.

Rao *et al.* (2004) efectuaram um estudo sobre a análise comparativa do desempenho do programa de desenvolvimento de bacias hidrográficas e observaram que a participação das pessoas seria melhor e, por conseguinte, mais sustentável nos programas implementados pelas organizações não governamentais.

Singh, Behera e Singh (2011), num estudo, revelaram que o índice global de participação das pessoas era baixo (43,87%) na atividade de gestão de recursos dos programas de desenvolvimento de bacias hidrográficas, ao passo que a participação das pessoas no planeamento e conceção do programa de conservação do solo e da água era baixa (22%) e a implementação das actividades do programa e a reparação e manutenção da conservação do solo e da água também se situavam a um nível médio, sendo o índice de participação das pessoas de 71% e 49%, respetivamente.

Badal, Kumar e Bisaria (2006), no seu estudo sobre programas de desenvolvimento de bacias hidrográficas, revelaram que, em média, 44% dos agricultores participaram na fase de planeamento. Uma proporção muito elevada de agricultores contribuiu sob a forma de trabalho, seguida pela participação sob a forma de trabalho e dinheiro. A maior proporção de agricultores participou na Avaliação Rural Participativa, seguida do reforço das capacidades e do desenvolvimento institucional. A participação foi elevada nas actividades que implicaram uma menor contribuição financeira. Na fase de implementação, em média, 36,32% dos agricultores participaram em actividades relacionadas com o desenvolvimento de terras comuns (1,02% dos agricultores participaram através de contribuições monetárias, 16,22% participaram através de contribuições laborais e 18,68% participaram através de contribuições laborais e monetárias), enquanto que 26,53% dos agricultores participaram em actividades relacionadas com o desenvolvimento de terras privadas (0,87% dos agricultores participaram através de contribuições monetárias, 13,81% dos agricultores participaram através de contribuições laborais e 11,71% participaram através de contribuições monetárias e laborais)

2.3 Sustentabilidade da atividade de gestão dos recursos naturais

Swaminathan (1991) propôs o índice de Segurança de Vida Sustentável (opções de subsistência que são ecologicamente seguras, economicamente eficientes e socialmente equitativas) (SLSI) considerado o indicador legítimo do Desenvolvimento Sustentável e Agricultura (SDA).

Dunlop *et al.* (1992) consideraram que nove dimensões, *a saber:* (1) proteger e aumentar a fertilidade do solo, (2) garantir o fornecimento de alimentos seguros e integrais, (3) melhorar os conhecimentos específicos dos agricultores, (4) melhorar o ambiente e o habitat da vida selvagem, (5) aumentar a diversidade, (6) melhorar a economia agrícola, (7) reduzir a utilização de agro-químicos, (8) reduzir a utilização de energia e (9) reduzir a compra de factores de produção, foram consideradas as mais importantes para explicar o conceito de agricultura sustentável.

Rao (2000) categorizou os factores de sustentabilidade em cinco: factores organizacionais, factores legais, factores financeiros e factores técnicos.

Oikos (2000) referiu que as oito questões seguintes devem ser consideradas para uma gestão sustentável dos recursos naturais no âmbito de um projeto de gestão de bacias hidrográficas:

1. Desenvolvimento simultâneo da terra, da água e da biomassa.
2. Sistema agrícola integrado.
3. Garantir a sustentabilidade ambiental e a viabilidade económica.
4. Melhorar a produtividade através da promoção de melhores práticas agronómicas e da utilização de poucos factores de produção.
5. Criação de emprego não agrícola.
6. Desenvolvimento das instituições locais.
7. Partilha dos custos pela comunidade.
8. Abordagem das questões de equidade entre os agregados familiares na bacia hidrográfica.

Sastry *et al.* (2003) referiram que, de acordo com a maioria dos agricultores de todo o país, a sustentabilidade da agricultura é possível através do aproveitamento da água da chuva e da melhoria das águas subterrâneas, o que é possível através de medidas de conservação do solo e da água. Os agricultores também opinaram que a erosão do solo pode ser minimizada e o potencial de irrigação pode ser melhorado através de estruturas de conservação do solo e da água. Além disso, o desenvolvimento adequado da copa das árvores é essencial para minimizar ainda mais a perda de solo. O sistema de silvicultura/agro-silvicultura/horta também melhoraria as condições microclimáticas na sua região.

Achut, Dilip e Reddy (2004) identificaram 10 indicadores de sustentabilidade da agricultura na bacia hidrográfica: nível ambiental do solo, gestão integrada das pragas, gestão do ecossistema, diversidade das culturas, índice de utilização dos factores de produção, autossuficiência em matéria de informação, produtividade da terra, segurança das colheitas, capacidade de apoio às empresas e capacidade de carga. Além disso, observaram que a maioria dos agricultores pertencia a um nível médio a elevado de sustentabilidade no caso de quase todos os indicadores. No caso de alguns indicadores, como o solo, o nível ambiental, a capacidade de suporte das empresas e a capacidade de carga, foram considerados baixos na zona da bacia hidrográfica.

2.4 Constrangimentos na gestão dos recursos naturais

Iqbal (1991) observou que, por falta de financiamento, as obras de conservação do solo e da água não eram executadas corretamente de acordo com as recomendações técnicas

a falta de orientação técnica por parte dos extensionistas e o custo dos factores de produção recomendados constituíram os principais constrangimentos, na opinião dos agricultores de Andhra Pradesh, à adoção das práticas recomendadas para as bacias hidrográficas.

Jagadale e Nimbalkar (1993) identificaram os condicionalismos, tais como a falta de conhecimentos sobre a importância da colocação de barreiras, a incerteza das chuvas e o elevado custo dos instrumentos melhorados, com que se deparam os agricultores de Maharashtra.

Brown (1994) afirmou que a total falta de planeamento participativo, a falta de integração da conservação do solo no desenvolvimento geral e a perceção positiva limitada dos agricultores em relação à realização e a fraca capacidade de gestão colectiva dos bens comuns foram os problemas encontrados na adoção de práticas de conservação do solo e da água.

Khalache, More e Patil (1994) referiram que os principais constrangimentos relacionados com as dificuldades técnicas expressas pelos beneficiários das bacias hidrográficas eram a falta de conhecimentos e de competências em matéria de medidas fitossanitárias (72%), a gestão do gado leiteiro (48%) e a aplicação de fertilizantes químicos de acordo com os tipos e as fases das culturas (45%).

Ananth (2001), num estudo intitulado "Role of Farm Research System, Technology Transfer System and Clientele System in Achieving Sustainable Farm Production" (Papel do sistema de investigação agrícola, do sistema de transferência de tecnologia e do sistema de clientela na consecução de uma produção agrícola sustentável), referiu que cerca de 90% dos agricultores declararam que a falta de sensibilização para as tecnologias sustentáveis era o principal obstáculo à adoção das mesmas.

Sarkar (2001) identificou a falta de incentivos, a falta de conhecimentos, a falta de orientação técnica, os problemas de gestão, as terras inadequadas e a fragmentação das terras como os principais obstáculos encontrados pelos agricultores do bloco de Raghunathpur na adoção de práticas agro-florestais.

Raghuprasad, Umamahesh e Mohan (2004), num estudo realizado no distrito de Shimoga, referiram que os problemas internos enfrentados por alguns grupos eram a falta de uma boa liderança, conflitos entre os seus membros, limitações de tempo, falta de tomada de decisões e espaço inadequado para realizar actividades.

Singh *et al.* (2007) efectuaram um estudo intitulado "Constraint analysis of technological awareness of the farmers". Revelaram que o constrangimento social inclui a falta de sensibilização, a falta de motivação dos agricultores para a formação, a falta de comunicação entre os cientistas, os agricultores e os extensionistas, a falta de educação, a falta de interesse em obter técnicas modernas, o mau estatuto social e a pequena propriedade fundiária dos agricultores sem formação.

A partir das revisões acima, podemos ter uma ideia geral sobre os vários factores que têm um efeito em diferentes dimensões que foram analisadas no âmbito do presente estudo. A participação das pessoas no programa de gestão dos recursos naturais tem uma importância imensa para o êxito do programa e os conhecimentos dos agricultores, o estatuto socioeconómico e também o tipo de abordagem utilizado pela agência de execução afectam diretamente o grau de participação das pessoas. A sustentabilidade do programa de gestão dos recursos naturais pode ser analisada dos pontos de vista social, ambiental, financeiro e institucional. Os constrangimentos enfrentados pelos agricultores ao participarem no programa de gestão dos recursos naturais podem ser de ordem técnica, social, financeira, *etc.*

CAPÍTULO 3

Metodologia de investigação

Segundo o Collins Dictionary (1995), o termo metodologia refere-se ao "sistema de métodos e princípios utilizados numa determinada disciplina". Neste estudo, o termo metodologia refere-se aos métodos e princípios seguidos para atingir os objectivos estabelecidos.

Após a revisão da literatura relevante relacionada com o presente estudo, foi desenvolvido e adotado um procedimento científico e sistémico para a realização da investigação. Os pormenores são apresentados nos pontos seguintes:

3.1 Universo e local do estudo

3.2 Amostra e processo de amostragem

3.3 Conceção da investigação

3.4 Hipóteses

3.5 Variáveis e suas medições

3.6 Ferramentas

3.7 Recolha de dados

3.8 Análise estatística

3.1 Universo e local do estudo

3.1.1 Universo

O estado de Bengala Ocidental, na Índia, constituiu o universo do estudo proposto. Bengala Ocidental está situada na parte oriental da Índia, estendendo-se desde os Himalaias, a norte, até à Baía de Bengala, a sul. Os países que partilham fronteiras internacionais com Bengala Ocidental incluem o Butão, o Bangladesh e o Nepal, enquanto os estados de Sikkim, Assam, Orissa e Bihar enquadram as suas fronteiras internas. A área geográfica total do

O estado tem 88 752 quilómetros quadrados e é composto por 19 distritos. A população do Estado é de 91.34.7.736 habitantes, com uma densidade populacional de 1.029 (http://www.censusindia.gov.in). O número total de aldeias no estado é de 40.203.

Bengala Ocidental tem quase três por cento da terra cultivável da nação e cerca de oito por cento da população do país. Produz mais de oito por cento dos alimentos do país. A agricultura é essencialmente de tipo pluvial. A dimensão média das explorações agrícolas no Estado é inferior a um hectare. A intensidade das culturas no Estado também aumentou de 131% para 162% durante as duas últimas décadas. O Estado alcançou um recorde histórico na produção de géneros alimentícios e ocupa o primeiro lugar na produção de arroz do país. O Estado produz quase 28% do total de batatas cultivadas no país. Em termos de produtividade da batata, Bengala Ocidental ocupa o segundo lugar no país. Bengala Ocidental também produz mais de 60 por cento da fibra de juta em bruto do país. O Estado registou um crescimento de três por cento por ano na produção de arroz e de 12 por cento por ano na produção de sementes oleaginosas. O Estado também registou um aumento notável na produção de frutos, legumes e flores (http ://www. westbengal. gov, in).

A natureza exaustiva da produção de arroz nas últimas décadas no Estado resultou numa baixa produtividade e rentabilidade dos cereais, seguida da degradação da fertilidade do solo e de uma elevada infestação de insectos-praga. A taxa de erosão do solo pela água corrente é também a mais elevada em Bengala Ocidental, o que também contribui para esta situação. Em consequência, o estatuto socioeconómico da comunidade agrícola também começou a degradar-se, uma vez que os agricultores não estão a obter a produtividade esperada. Para inverter esta tendência de degradação dos recursos naturais, principalmente devido à erosão hídrica, o governo atribuiu grande importância à execução de todos os programas de gestão dos recursos naturais atualmente em vigor no Estado. O programa integrado de desenvolvimento de terrenos baldios é um desses programas, atualmente aplicado em quatro distritos afectados pela erosão *(Purulia, Birbhum* e *Medinapur Ocidental)* de Bengala Ocidental, incluindo *Bankura.*

3.1.2 Localidade

O distrito de *Bankura*, que é um dos sete distritos (Bankura, Bardhaman, Birbhum, Hoogly, Paschim Medinapur, Purba Medinapur e Purulia) da divisão de *Burdwan* no Estado indiano de Bengala Ocidental, foi selecionado propositadamente entre os 19 distritos de Bengala Ocidental.

É o segundo distrito mais afetado pela seca de Bengala Ocidental, mas a agricultura é a principal ocupação da população do distrito, ao contrário da maioria dos distritos de Bengala Ocidental, com uma produção e produtividade bastante boas de culturas arvenses e hortícolas. A agricultura é maioritariamente de tipo pluvial. A principal fonte de irrigação são as águas subterrâneas. Embora existam dez rios principais que atravessam o distrito e que transportam quase toda a água das chuvas de monção do estado adjacente de Jharkhand e do distrito de *Purulia*, quase todos os anos é um grande desafio para o sector agrícola do distrito realizar actividades de produção devido ao transbordamento de água durante a estação das chuvas e à escassez de água durante o resto do ano. Devido à natureza escorregadia da terra durante a estação chuvosa, uma grande quantidade de solo superficial é também erodida todos os anos, o que não só afecta a fertilidade do solo, mas também afecta a vegetação natural que quase se destrói durante os longos períodos de verão. Assim, é de imensa importância para os aldeões e para o governo também tomar a atividade de Gestão de Recursos Naturais não só para conservar os recursos naturais, mas também para criar facilidade de emprego adicional para a população rural. Assim, a implementação do Programa de Desenvolvimento de Bacias Hidrográficas (IWDP e DPAP) numa base altamente sustentável é o projeto mais importante para o governo levar a cabo a atividade de gestão de recursos naturais não só para manter a produtividade agrícola decrescente, mas também para criar emprego adicional e o mesmo para a população rural do distrito.

Situa-se entre 22° 38' e 23° 38' de latitude norte e entre 86° 36' e 87° 46' de longitude leste. Tem uma superfície de 6 882 quilómetros quadrados (2 657 milhas quadradas).

A norte e a nordeste, o distrito faz fronteira *com o* distrito *de Bardhaman*, do qual está separado principalmente pelo rio Damodar. A sudeste, é limitado pelo distrito de Hooghly, a sul *pelo* distrito de *Paschim Medinipur* e a oeste *pelo* distrito de *Purulia*. O distrito de *Bankura* foi descrito como o "elo de ligação entre as planícies de Bengala, a leste, e o planalto de Chota Nagpur, a oeste". As áreas a leste e nordeste são planícies aluviais de baixa altitude, semelhantes às terras de arroz predominantes em Bengala. A oeste, a superfície eleva-se gradualmente, dando lugar a terras onduladas intercaladas por colinas rochosas. A parte ocidental do distrito tem um solo pobre e ferruginoso e leitos duros de laterite com matagais e bosques de sal. Os longos cumes quebrados com manchas irregulares de aluvião mais recente apresentam marcas de cultivo sazonal. Durante a longa estação seca, grandes extensões de terra vermelha com quase nenhuma árvore dão ao país um aspeto queimado e sombrio. Na parte oriental, o olhar detém-se constantemente em grandes extensões de arrozais, verdes durante as chuvas, mas ressequidos e secos no verão.

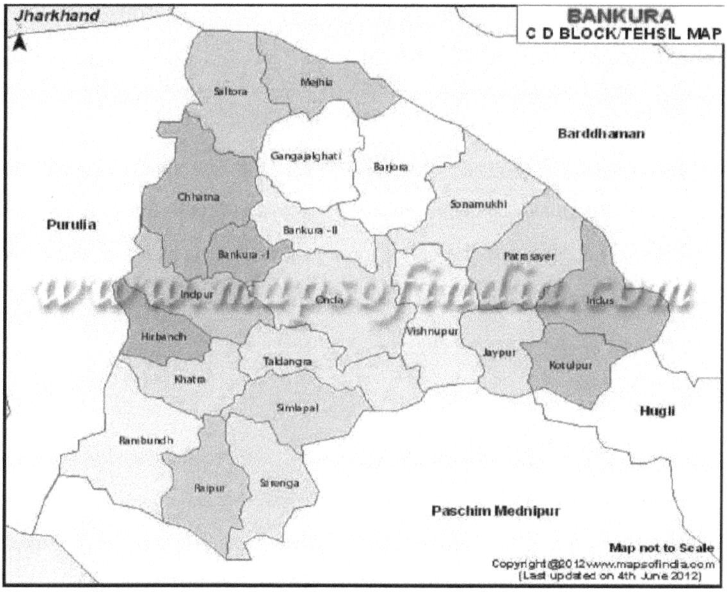

Placa 1: Mapa do distrito de Bankura de Bengala Ocidental

3.2 Amostra e processo de amostragem

3.2.1 Seleção de blocos

Entre os 22 blocos de desenvolvimento, na altura do estudo, oito blocos estavam sob programas de gestão de bacias hidrográficas (4 sob o IWDP e 4 sob o DPAP). Entre os 4 blocos abrangidos pelo IWDP, o bloco *de Taldangra* foi selecionado aleatoriamente entre os blocos de implementação do projeto. *Taldangra* está situado a 23°01' norte e 87°07' leste. O bloco de desenvolvimento comunitário *de Taldangra* tem uma área de 349,70 quilómetros quadrados. O projeto n.° VI foi executado em três Gram Panchayats deste bloco, nomeadamente *Birbarda, Khalagram* e *Harmasra*, a partir de 2006.

3.2.2 Seleção da aldeia

Dos três projectos que implementam o gram panchayat, *Harmasra* foi selecionado aleatoriamente. Havia um total de vinte e cinco aldeias no gram panchayat *de Harmasra*. Entre estas aldeias, o IWDP foi implementado em oito aldeias a partir de 2006. Destas oito aldeias, foi selecionada uma, *Harmasra*, através de um método de seleção aleatória. *Harmasra* pertencia à microbacia hidrográfica TSJ/7, que incluía sete aldeias e uma área total de 550 hectares para tratamento. Na aldeia de *Harmasra*, havia 528 agregados familiares com uma população de 1382 homens e 1294 mulheres (http ://www. censusindia. gov, in).

3.2.3 Seleção dos inquiridos

Foi preparada uma lista de 528 agregados familiares da aldeia *de Harmasra* e, em seguida, foi selecionada uma quinta família através do método de amostragem aleatória sistemática. No total, foram selecionados 107 agregados familiares dos agricultores participantes da aldeia *de Harmasra* através do método de amostragem aleatória sistemática. Assim, o investigador entrevistou 107 agricultores participantes no IWDP dos agregados familiares selecionados.

3.3 Conceção da investigação

Uma conceção de investigação é a organização das condições de recolha e análise de dados de uma forma que visa combinar a relevância para o objetivo da investigação com a economia de procedimentos. Assim, foi utilizado no estudo um desenho de investigação analítico e ex-post facto (uma vez que estes projectos são levados a cabo por um período de 5 anos e aguardam ser substituídos pelo Programa de Gestão Integrada da Bacia Hidrográfica).

3.4 Hipóteses

O estudo foi realizado com as seguintes hipóteses.

Ho: As caraterísticas socioeconómicas e de comunicação dos agricultores não influenciam o grau de participação dos agricultores.

Hl: As caraterísticas socioeconómicas e de comunicação dos agricultores influenciam o grau de participação dos agricultores.

3.5 Variáveis e sua medição

3.5.1 Variáveis independentes

Uma variável independente é a causa presumida da variável dependente ou, por outras palavras, a variável que se espera que explique a mudança na variável dependente.

Tendo em conta a relevância e através da revisão da literatura relevante, foram selecionadas as seguintes variáveis independentes para a realização da presente investigação. As variáveis independentes e as medidas utilizadas são apresentadas no quadro 1.

Quadro 1: Variáveis socioeconómicas, pessoais e de comunicação

S.No.	Variables	Measurement
1.	Age	Schedule was developed
2.	Gender	Schedule was developed
3.	Type of family	Schedule was developed
4.	Size of family	Schedule was developed
5.	Socio-economic status	Scale of Singh and Vinay (2012)
6.	Extension agency contact	Scale of Lawrence (2000)
7.	Information seeking behaviour	Scale of Gogoi (1984)
8.	Mass media exposure	Scale of Hiremath (2000)
9.	Sustainability	Modified scale Dolli (2006)

3.5.2 Variável dependente

A variável dependente é aquela que o investigador pretende explicar. A variável independente é o antecedente e a variável dependente é o consequente.

À luz dos objectivos do estudo, o grau de participação dos agricultores nas actividades de gestão dos recursos naturais no âmbito do IWDP foi estudado como variável dependente. A variável dependente com medição foi apresentada no quadro 2:

Quadro 2: Variáveis a estudar

S. No.	Variable	Data collection tool	Measurement
1.	Extent of Participation	Schedule	Dolli(2006)

3.5.3Conceitos , definição operacional e medição de variáveis

O conceito é a *abstração do significado através da generalização.*

A definição operacional é a *normalização da definição para um determinado problema de investigação e que pode ser medida.* Também pode ser conceptualizada como a *forma manipulada de definição que se destina a medir as coisas na investigação.* No presente estudo, as diferentes variáveis foram conceptualizadas, definidas operacionalmente e medidas da forma apresentada a seguir:

A. Variáveis independentes

1) Idade

É a idade cronológica do inquirido no momento da entrevista, expressa em anos arredondados.

Com base na média (49) e no desvio-padrão (11), os inquiridos foram classificados como

Categoria	Pontuação
a) Jovens (menos de 38 anos)	1
b) Médio (38-60 anos)	2
c) Velho (mais de 60 anos)	3

2) Género

É o género dos inquiridos que foi categorizado em:

a) Homem

b) Mulher

3) Tipo de família

Para efeitos do presente estudo, os inquiridos foram classificados em famílias conjuntas e famílias nucleares.

a. Família nuclear: Refere-se a uma pessoa e ao seu cônjuge como um par conjugal e aos seus filhos como uma unidade familiar.

1) . **Família conjunta:** Refere-se a uma família não dividida e constituída por dois ou mais pares conjugais e seus descendentes, em que todos os membros vivem sob o mesmo teto e comem juntos.

Com base no tipo de família, os inquiridos foram classificados da seguinte forma

Categoria	Pontua ção
Conjunto	1
Nuclear	2

4) Tamanho da família

A dimensão da família dos inquiridos é definida operacionalmente como o número total de membros que residem na família, incluindo também o novo bebé. Os inquiridos foram classificados da seguinte forma

Categoria	Pontuaçã o
a) Pequena família (até 5 membros)	1
b) Família média (6-9 membros)	2
c) Família numerosa (>10 membros)	3

5) Estatuto socioeconómico

A escala do estatuto socioeconómico desenvolvida por Singh e Vinay (2012) foi utilizada para medir o estatuto socioeconómico dos inquiridos. A escala do estatuto socioeconómico incluía 13 variáveis (tipo de casa, bens familiares/ bens materiais, posse de terras agrícolas para cultivo, implementação de explorações agrícolas, gado/animais, posse de veículos ou meios de transporte, educação do chefe de família, ocupação do chefe de família, rendimento agrícola mensal de todas as fontes, instalações de água potável, instalações sanitárias, participação social dos membros da família, tipo de jornal/revista que compram).

i) Tipo de casa

A informação sobre a casa é significativa em termos do tipo de casa que o inquirido possui. A casa é dividida em casa *kaccha*, casa *pacca* e casa mista (com sombra de estanho ou com linter). Com base no tipo de casa, os inquiridos foram classificados da seguinte forma

Categoria	Pontuação
a) Não ter onde viver	1
b) Cabana	2
c) Casa mista	3
d) *Pakka* com sombra de estanho	4
e) *Pakka* com linter	5

ii) Posse familiar/posse material

O estilo de vida material, que é importante para o estatuto socioeconómico, também está associado aos bens materiais. Este item tem quatro subcategorias: recursos de cozinha, recursos de mobiliário, recursos de entretenimento e recursos eléctricos. Há hipóteses de respostas múltiplas neste segmento. Será considerada a pontuação mais elevada de entre as obtidas.

Recursos de cozinha

Categoria	Pontuação
a) *Chullas* tradicionais	1
b) *Chullas* sem fumo	2
c) Panela de pressão	3
d) Botija de gás (GPL)	4
e) Bio-gás	4
f) Gama de cozedura	5
g) Fogão solar	5
h) Micro-ondas ou forno	6

Recursos de mobiliário

Categoria	Pontuação

a) Mesa	1
b) Presidente	1
c) Banqueta	1
d) Berço dobrável	2
e) Cama individual	3
f) Cama de casal	4
g) Conjunto de sofá	5
h) Mesa de jantar	6
i) Colchão de esponja	7

Recursos de entretenimento

Categoria	**Pontuação**
a) Gravador de cassetes ou rádio	1
b) Sistema de música	2
c) Telemóvel ou telefone	3
d) Televisão a preto e branco	4
f) Televisão a cores	5
g) Antena parabólica	6
h) Computador	7
i) Computador portátil	8

Recursos eléctricos

Categoria	**Pontuação**
a) Prensa eléctrica	1
b) Aquecedor	2
c) Ventilador	3
d) Moinho misturador	4
e) Frigorífico	5
f) Máquina de lavar roupa	6
g) Câmara digital	6
h) Ar condicionado	7

iii) Posse de terras agrícolas para cultivo

A posse de terras agrícolas significa a área total possuída ou cultivada pela família. Por conseguinte, os agricultores foram divididos em sete subcategorias e foram atribuídas pontuações adequadas a cada uma delas.

Categoria	**Pontuação**
a) Sem terras agrícolas	1
b) Terras agrícolas mas sem irrigação	2
c) Terrenos agrícolas arrendados ou em regime de locação	3
d) Possuir terrenos agrícolas com menos de um hectare	4
e) Possuir terrenos agrícolas com um a cinco hectares	5
f) Possuir terrenos agrícolas com cinco a dez hectares	6
g) Possuir terrenos agrícolas com mais de dez hectares	7

iv) Alfaias agrícolas

Trata-se da utilização de alfaias agrícolas nas terras agrícolas. Para a posse de mais do que um tipo de utensílio agrícola, foi feita uma pergunta separada para cada item. Depois disso, a pontuação mais elevada obtida entre todos os itens foi considerada para pontuação.

Categoria	Pontuação
a) Foice	1
b) Picareta	1
c) Pá	2
d) Coveiro de lançamento	3
e) Enxadas agrícolas	3
f) Cortador de palha	3
g) Arado agrícola	4
h) Nivelador de terras	4
i) Harrow	5
j) Pulverizador	6
k) Bomba de água	7
1) Debulhador	8
m) Leme	9
n) Trator	9
o) Ceifeira combinada	10

v) Pecuária/animal

Significa o tipo de efetivo pecuário. Se o tipo de gado for mais do que um, então cada informação foi registada separadamente. Há a possibilidade de respostas múltiplas neste segmento, pelo que a pontuação mais elevada obtida entre todos os itens foi considerada para a pontuação.

Categoria	Pontuação
a) Aves de capoeira	1
b) Cabra	2
c) Vaca	3
d) Búfalo	4

vi) Posse de um veículo ou de um meio de transporte

O transporte é a deslocação de pessoas e bens de um local para outro. Há hipóteses de respostas múltiplas neste segmento. Foi considerada a pontuação mais elevada entre as pontuações obtidas.

Categoria	Pontuação
a) Sem veículo	1
b) Bicicleta	2
c) Scooty	3

d) Motociclo	4
e) Jipe	5
f) Automóvel	6
g) Carro de luxo	7
h) Camião	8

vii) Escolaridade do chefe de família

A educação é a arte de transmitir conhecimentos, competências, juízos e factos que foram aprendidos informalmente. Por conseguinte, os agricultores foram divididos em oito subcategorias e foram atribuídas pontuações adequadas a cada uma delas.

Categoria	**Pontuação**
a) Analfabetos	1
b) Literacia funcional	2
c) Ensino primário	3
d) Liceu	4
e) Intermédio	5
f) Licenciado	6
g) Diploma técnico	7
h) Pós-graduação	8

viii) Profissão do chefe de família

A ocupação descreve o tipo de trabalho que as pessoas fazem no emprego. A informação relativa a esta variável foi obtida perguntando ao chefe de família ou aos membros da família qual o seu envolvimento no ganho de pão e manteiga para a família. As profissões foram divididas em sete subcategorias e foram atribuídas pontuações adequadas a cada uma delas.

Categoria	**Pontuação**
a) Desempregados	1
b) Trabalhadores não qualificados	2
c) Trabalhadores semi-qualificados	3
d) Trabalhadores qualificados	4
e) Escriturário	5
f) Proprietário de loja	6
g) Ventilação	7
h) Semi profissional	8
i) Profissional	9

ix) Rendimento familiar mensal de todas as fontes

Foram tidas em consideração várias fontes de rendimento, incluindo a agricultura, os lacticínios, o trabalho, os negócios, *etc*. Por conseguinte, os agricultores foram divididos em oito subcategorias e foram atribuídas pontuações adequadas a cada uma delas.

Pontuação da categoria	
a) Até Rs. 5000	1
b) Rs.5001-9999	2
c) Rs. 10000-14999	3
d) Rs. 15000-19999	4
e) Rs.20000-24999	5
f) 25000-29999	6
g) 30000 rúpias e mais	7

x) Instalações de água potável

As instalações de água potável incluem fonte de água longe da casa, fonte de água comunitária *kaccha* ou *pakka,* fonte múltipla de água potável com drenagem *pakka*, instalações individuais de água potável e purificador de água. Os agricultores foram divididos em oito subcategorias e foram atribuídas pontuações adequadas a cada uma das categorias.

Categoria	Pontuação
a) A água potável é obtida de outra fonte fora de casa	1
b) Água potável disponível na fonte comunitária sem drenagem	2
c) Água potável disponível em fonte comunitária com drenagem	3
d) Água potável disponível para 2-3 casas ou partilha a mesma fonte de água com a drenagem de *kaccha*	4
e) Instalação individual de água potável com drenagem de *kachha*	5
f) Fontes múltiplas de água potável com drenagem de *pakka*	6
g) Instalação individual de água potável com drenagem *pakka* e purificador de água	7

xi) Instalação sanitária

Refere-se à disponibilidade de casa de banho em casa, como fossa individual, fossa comunitária, *etc*. Por conseguinte, os agricultores foram divididos em oito subcategorias e foram atribuídas pontuações adequadas a cada uma delas.

Categoria	Pontuação
a) Não disponibilidade de casa de banho	1
b) Sanita comunitária com fossa	2
c) Sanita individual com fossa	3

d) Casa de banho comunitária sem instalação de água	4
e) Sanita individual sem água	5
f) Casa de banho comunitária com instalação de água	6

xii) Participação social dos membros da família

A participação social foi definida como a partilha voluntária em pessoa da relação de grupo para além do agregado familiar imediato. Por conseguinte, os agricultores foram divididos em oito subcategorias e foram atribuídas pontuações adequadas a cada uma delas.

Categoria	**Pontuação**
a) Sem qualquer cargo oficial	1
b) Sem qualquer cargo oficial mas com participação ativa nas actividades da aldeia	2
c) Cargo oficial numa ou mais organizações	3
d) Contribuição financeira ou angariação de fundos para a ação comum	4

xiii) Tipo de jornal/revista que compram

O tipo inclui o diário, o semanal, o mensal, o trimestral e o ocasional. Por conseguinte, os agricultores foram divididos em oito subcategorias e foram atribuídas pontuações adequadas a cada uma das categorias.

Categoria	**Pontuação**
a) Diariamente	1
b) Semanalmente	1
c) Mensal	1
d) Trimestralmente	1
e) Em algum momento	1

Assim, foram recolhidas e pontuadas as informações relativas aos agricultores em 13 itens, que foram adicionados para obter a pontuação total da família ou da pessoa. Esta pontuação indica o estatuto socioeconómico, que foi interpretado em termos da classe a que o agricultor pertence.

Com base na média (59) e no desvio-padrão (14), os inquiridos foram classificados como

Categoria	**Pontuação**
a) Baixa (pontuação inferior a 45)	1
b) Médio (pontuação de 45 a 73)	2
c) Elevada (pontuação superior a 73)	3

6) Contacto da agência de extensão

O contacto com a agência de extensão refere-se à frequência com que o beneficiário se encontra com o pessoal da extensão de vários departamentos de desenvolvimento. O procedimento de pontuação foi seguido com base no calendário de Lawrence (2000) e os inquiridos foram categorizados da seguinte forma

Categoria	Pontuação
a) Nunca	1
b) Por vezes	2
c) Regularmente	3

CComportamento de procura de informação:

Foi operacionalizada como a medida em que o inquirido aborda diferentes fontes de informação. Foi medida com base na grelha de Gogoi (1984). Com base nas pontuações, os inquiridos foram categorizados da seguinte forma

Categoria	Pontuação
a) Nunca	1
b) Por vezes	2
c) Regularmente	3

8) Utilização dos meios de comunicação social:

A utilização dos meios de comunicação social refere-se ao grau em que os inquiridos os utilizam em termos de audição de emissões agrícolas, visualização das suas emissões televisivas, leitura de jornais e revistas agrícolas, *etc.* Estas variáveis foram medidas utilizando o procedimento seguido por Hiremath (2000) e os inquiridos foram categorizados da seguinte forma

Categoria	Pontuação
a) Nunca	1
b) Por vezes	2
c) Regularmente	3

9) Âmbito da participação

Refere-se à intensidade do envolvimento voluntário dos agricultores em diferentes fases relacionadas com a atividade de gestão dos recursos naturais no âmbito do Programa Integrado de Desenvolvimento de Terras Desertas, nomeadamente: planeamento, implementação, monitorização e avaliação e gestão pós-projeto, utilizando uma escala de três pontos que foi concebida a partir da escala utilizada para medir a sustentabilidade social e os agricultores foram categorizados com base na média (12) e no desvio-padrão (9), como se segue:

Categoria	Pontuação
a) Baixa (pontuação inferior a 3)	1
b) Médio (pontuação de 3 a 21)	2
c) Elevada (pontuação superior a 21)	3

10) Sustentabilidade da gestão dos recursos naturais

Para efeitos do estudo, a sustentabilidade foi medida utilizando uma escala desenvolvida por Dolli (2004) com algumas modificações. Neste estudo, foram medidos três parâmetros, nomeadamente: sustentabilidade social, ambiental e institucional.

1) Sustentabilidade social

Refere-se à intensidade da participação das pessoas, à equidade e ao funcionamento democrático da comunidade na gestão do projeto. Foi medida tendo em consideração as seguintes dimensões.

a) Participação popular

Refere-se à intensidade da participação das pessoas na gestão do projeto. Esta foi medida considerando o grau de participação na gestão dos recursos naturais no âmbito do projeto, numa escala de três pontos. A intensidade da participação em diferentes fases da gestão do projeto foi medida conforme indicado abaixo:

Quadro 3: Medição da participação das pessoas

S. No.	Stage	No. of items	Max. Scores
1.	Planning	5	10
2.	Implementation	5	10
3.	Post implementation	3	6
4.	Monitoring and evaluation	3	6
Total scores			**32**

Com base na média (12) e no desvio-padrão (9), os agricultores foram classificados nas três categorias seguintes:

Categoria	Pontuação
a) Baixa (pontuação inferior a 3)	1
b) Médio (pontuação de 3 a 21)	2
c) Elevada (pontuação superior a 21)	3

b) Património

Foi medida em termos de disposições estruturais que o projeto tomou para assegurar a participação de grupos vulneráveis (sem terra, mulheres, castas ou tribos de calendário e outros) e de actividades específicas levadas a cabo para envolver grupos ou famílias vulneráveis.

c) Tomada de decisões

Referia-se ao padrão seguido para tomar várias decisões sobre as actividades do projeto, tendo em conta a opinião, as experiências e as sugestões das diferentes pessoas e o acesso à informação relevante por parte dos participantes.

Padrão de tomada de decisão

Refere-se ao processo seguido para a tomada de várias decisões sobre as actividades do projeto, tendo em conta a opinião, as experiências e as sugestões das diferentes pessoas (beneficiário/comité ao nível da aldeia/ Gram sabha/comunidade da aldeia/pessoal do projeto). Foram considerados os seguintes tipos de decisões e as pontuações foram atribuídas conforme indicado na tabela 4.

Quadro 4: Medição do padrão de tomada de decisão

S. No	Decisions	No. of items	Max scores
1.	Deciding the bio physical treatments in private and common land	2	10
2.	Implementation of the biophysical treatments in private and common land	2	10
3.	Beneficiaries for income generating activities	1	5
4.	Revolving fund management	1	5

5.	Identification of users of joint assets	1	5
Total scores			**35**

Acesso à informação

Refere-se ao grau de acesso à informação por parte dos vários agricultores participantes.

Este aspeto foi medido através da análise das seguintes afirmações num contínuo de três pontos apresentado no quadro 5:

Quadro 5: Medição do acesso à informação

S. No.	**Type of Information**	**No. of Items**	**Max score**
1.	General	1	2
2.	Project related	1	2
3.	Work related	1	2
4.	Finance related	1	2
Total scores			**8**

Os agricultores foram categorizados com base no grau de acesso às fontes de informação relacionadas nas seguintes categorias, com base na média (4) e no desvio padrão (2), como se segue:

Categoria	**Pontuação**
a) Acesso inferior	Menos de 2
b) Acesso médio	2 a 6
c) Acesso elevado	Mais de 6

Com base na sustentabilidade social global da atividade de gestão dos recursos naturais destinada aos agricultores, foram classificadas nas três categorias seguintes, com base na média (38) e no desvio-padrão (13):

Categoria	**Pontuação**
a) Baixa sustentabilidade social	Menos de 25
b) Sustentabilidade social média	25 a 51
c) Elevada sustentabilidade social	Mais de 51

Índice global de sustentabilidade social= (Pontuação efectiva/ Pontuação total*) x 100

***Pontuação total = 75**

11) Sustentabilidade ambiental

Refere-se aos efeitos da gestão dos recursos naturais no ambiente circundante, incluindo o gado e a população humana. Foi medido tendo em conta dimensões como o aumento da vegetação, a intervenção tecnológica e os efeitos ambientais.

a) Aumento da vegetação

Refere-se à extensão da cobertura vegetal estabelecida através do projeto no ambiente individual. Para a sua medição, foram considerados os seguintes itens, apresentados na tabela 5.

Quadro 5: Medição do aumento da vegetação

S. No.	Activity	No. of Items	Max Scores
1.	Forestry	1	1
2.	Horticulture	1	1
3.	Grass land development	1	1
4.	Increased cropping intensity	1	1
Total scores			**4**

b) Intervenção tecnológica

Refere-se às várias medidas tomadas para a conservação dos recursos naturais no âmbito do projeto e à utilização da tecnologia indígena disponível nesta área para conservar estes recursos naturais. Os itens considerados para medir este aspeto são apresentados no quadro 6.

Quadro 6: Medição das intervenções tecnológicas

S.No.		Activity	No. of items	Max Score
1.	Technological measure	Private land development	7	7
		Common land development	5	5
2.	Use of indigenous technology	Private land development	7	7
		Common land development	5	5
Total scores				24

c) **Efeitos ambientais**

Refere-se aos efeitos das actividades biofísicas no ambiente circundante, em termos de efeitos positivos e negativos ou inexistentes, segundo a perceção dos inquiridos. Este aspeto foi medido tendo em conta os itens apresentados no quadro 8.

Quadro 8: Medição dos efeitos ambientais

S. No.	Resource	No. of items	Max Score
1.	Land	1	1
2.	Water	1	1
3.	Animals	1	1
4.	Human-beings	1	1
Total scores			4

Índice global de sustentabilidade ambiental= (Pontuações reais/ Pontuações totais*) x 100

***Pontuação total =32**

De acordo com a perceção dos agricultores sobre as actividades de gestão dos recursos naturais relacionadas com a sustentabilidade ambiental, foram elaboradas as seguintes categorias, considerando a média (18) e o desvio-padrão (3):

Categoria	**Pontuação**
a) Baixa	Menos de 15
b) Médio	15 a 21
c) Elevado	Mais de 21

iii) Sustentabilidade Institucional

Refere-se à capacidade das instituições locais para realizarem eficazmente o planeamento, a execução, o acompanhamento e a gestão adequados das actividades do projeto durante e após o período do projeto. Trata-se de uma variável de tipo completamente descritivo que foi avaliada tendo em conta as seguintes dimensões

a) Adequação

É o grau em que as instituições locais eram suficientes e apropriadas para gerir as actividades do projeto, principalmente as actividades de gestão dos recursos naturais durante e após o período do projeto. A adequação foi avaliada com base no tipo e no número de instituições locais em funcionamento e no rácio de instituições por 100 famílias.

Rácio de instituições por 100 famílias = (Número de instituições locais/Número total de agregados familiares) x 100

b) Desempenho

É o grau em que as instituições locais realizaram as actividades previstas de acordo com os objectivos e assumiram as responsabilidades que lhes foram confiadas. Foi avaliado tendo em conta os três critérios seguintes

Reuniões

Isto foi quantificado pela frequência das reuniões e pela participação dos membros nas mesmas durante o período de seis anos do projeto.

Ligações

O tipo de ligações funcionais mantidas pelas instituições locais criadas para o projeto na aldeia com outras organizações de desenvolvimento relacionadas foi tomado em consideração para esclarecer este aspeto.

11)Constrangimentos enfrentados pelos agricultores ao participarem nas actividades NRM do IWDP

As dificuldades enfrentadas ou percebidas pelos agricultores para se envolverem na gestão do projeto relativamente aos tratamentos de gestão dos recursos naturais aplicados no âmbito do projeto do IWDP para estabelecer e gerir adequadamente as instituições locais e a classificação dos problemas foi feita com base nas respostas verbais percebidas pelo número máximo de agricultores na aldeia do projeto.

3.6 Instrumentos de recolha de dados

O instrumento de investigação é o dispositivo utilizado para recolher os dados. O instrumento foi desenvolvido com base numa análise exaustiva da literatura disponível sobre vários aspectos dos objectivos do estudo.

O guião de entrevista foi utilizado como instrumento. *Pode ser definido como uma lista formal, uma categoria ou um inventário e pode acrescentar-se que é um dispositivo de contagem utilizado em inquéritos formais e normalizados, cujo único objetivo é ajudar na recolha de dados quantitativos transversais.* Foi elaborado um programa de entrevistas abrangente e pormenorizado, composto por perguntas estruturadas e abertas, para recolher informações relevantes dos inquiridos.

A observação informal foi também utilizada para enriquecer os dados e verificar as respostas dos inquiridos e também para obter uma visão das variáveis de tipo descritivo do estudo.

3.7 Recolha de dados

Os dados foram recolhidos com a ajuda de um programa de entrevistas entre fevereiro de 2013 e março de 2013. Todos os inquiridos foram entrevistados pessoalmente pelo investigador na área de estudo. Para enriquecer os dados e verificar as respostas dos inquiridos, foram também efectuadas algumas observações informais. Para recolher outras informações, foram utilizadas fontes secundárias.

3.8 Análise estatística

A análise estatística de dados quantitativos é um aspeto importante do trabalho de investigação, uma vez que facilita a condensação e a interpretação dos dados recolhidos de forma simples e a previsão de tendências futuras, ajuda a estabelecer relações entre diferentes variáveis e fornece uma base sólida para a formulação de políticas. Após a recolha dos dados, estes foram apresentados numa "matriz de dados" para análise posterior. Os dados foram analisados e tabulados para interpretação à luz dos objectivos estabelecidos para o estudo. As técnicas estatísticas utilizadas para a análise dos dados foram as seguintes

1. Frequência

Foi calculado para determinar o número de inquiridos numa determinada célula.

2. Percentagem

Foram calculados valores percentuais para efetuar comparações simples. Estes valores foram calculados dividindo a frequência de uma determinada célula pelo número total de inquiridos e multiplicando por 100.

$$P = (n/N) \times 100$$

Onde,

n=Frequência de uma determinada célula

N=Número total de inquiridos

P=Percentagem

3. Média aritmética

A pontuação média para cada categoria foi calculada separadamente através da fórmula.

$$\overline{X} = \frac{\sum X_{ij}}{N}$$

Onde,

Xij=Soma de cada uma das comparações individuais

I=1 ,2, ... 3N

N=Número de observações

$\overline{X}$=Média

4. Desvio padrão

É uma medida de variabilidade num conjunto de pontuações, obtida através da soma das diferenças quadráticas em relação à média, dividida pelo número de casos e extraída a raiz quadrada. O desvio-padrão foi calculado para efeitos de análise e posterior categorização. A fórmula utilizada para calcular o desvio-padrão foi a seguinte

$$\sigma = \frac{\sqrt{\sum (x-\overline{x})}}{N-1}$$

Onde,

σ=desvio-padrão

x=Valor da variável individual

$\overline{x}$ =Média presumida

N=Número total de itens

5. Coeficiente de correlação

Indica-nos o grau em que se observou que as variáveis estão interligadas. Mais especificamente, um coeficiente de correlação é um número calculado a partir de um conjunto de dados e resume o grau em que as variações de uma medida estão associadas à variação de outras medidas. Foi utilizado para descobrir a relação entre as variáveis independentes e dependentes. A fórmula utilizada para calcular o coeficiente de correlação é a seguinte

$$r = \frac{Cov.(X_1 X_2)}{\sqrt{Var(X_1)\,Var(X_2)}}$$

Onde,

r = Coeficiente de correlação

X1 e X2 são as duas variáveis

Var X1 = $\sum(x1-\overline{x}1)2$ /n

Var X2 =$\sum$ (x2-$\overline{x}$ 2)2 /n

Covar. (X1 X2)= $\sum$(x1-$\overline{x}$1) (x2-$\overline{x}$2)/n

6. Teste T

O teste "t" foi utilizado para testar a significância do coeficiente de correlação. Este teste mostra se o valor "r" calculado entre duas variáveis é suficientemente elevado para ser considerado significativo ou não. A fórmula utilizada para este efeito é a seguinte

$$t = \frac{r\sqrt{n-2}}{\sqrt{1-r^2}}$$

Onde,

r= Coeficiente de correlação

n= Número de inquiridos

Este valor calculado oft' é comparado com o valor oft' da tabela com (n-2) graus de liberdade.

Se o valor calculado det' for superior ao valor da tabela, o coeficiente de correlação observado entre duas variáveis é significativo; caso contrário, não é significativo.

CAPÍTULO 4

Resultados e discussão

Este capítulo trata do relatório e da interpretação dos dados empíricos recolhidos sobre os objectivos estabelecidos para o estudo. Os factos resultantes da análise dos dados foram apresentados e discutidos nos seguintes subcapítulos:

4.1 Caraterísticas socioeconómicas e de comunicação dos agricultores

4.2 Grau de participação dos agricultores nas actividades de gestão dos recursos naturais no âmbito do IWDP

4.3 Sustentabilidade social, ambiental e institucional das actividades de gestão dos recursos naturais no âmbito do IWDP

4.4 Relação entre o estatuto socioeconómico e as caraterísticas de comunicação dos agricultores e o grau de participação

4.5 Constrangimentos enfrentados pelos agricultores ao participarem nas actividades de gestão dos recursos naturais no âmbito do IWDP

4.1 Caraterísticas sócio-económicas e de comunicação dos agricultores

4.1.1 Idade

Os dados relativos à composição etária dos inquiridos são apresentados no quadro 9 e na figura 2. O quadro 9 mostra claramente que a maioria dos inquiridos (70,09%) pertencia ao grupo de meia-idade, seguido de 15,89% que pertenciam à categoria de idosos e os restantes 14,01% pertenciam à categoria de jovens.

Quadro 9: Distribuição dos inquiridos em função da sua composição etária (N=107)

Sl. No.	Category	Frequency	Percentage
1.	Young (Less than 38 yrs.)	15	14.01
2.	Middle (38-60 yrs.)	75	70.09
3.	Old (More than 60 yrs.)	17	15.89

Esta distribuição pode dever-se ao facto de, no distrito de Bankura, em Bengala Ocidental,

tal como na maior parte dos outros distritos rurais de Bengala Ocidental, os jovens estarem a perder o interesse pela atividade agrícola e às condições climáticas adversas do distrito de Bankura (solos bem drenados, susceptíveis à erosão do solo devido à rápida drenagem externa ou ao escoamento superficial, reação do solo que varia entre ácida nas cristas e quase neutra nos vales, baixo teor de carbono orgânico, fosfato e potássio). A agricultura nesta região depende essencialmente da chuva. A água subterrânea não é fácil e economicamente captável, o que também constitui um incentivo à adoção de outras ocupações para além da agricultura. Mas, devido à baixa taxa de alfabetização e ao atraso socioeconómico de um grande número de populações, a agricultura continua a ser a principal ocupação das pessoas para ganharem a vida. Patil *et al.* (2000) também registaram resultados semelhantes, tendo constatado que a maioria dos agricultores tribais se situava no grupo etário dos 35 aos 45 anos.

4.1.2 Género

Os dados relativos ao género dos inquiridos são apresentados no quadro 10. O quadro mostra claramente que a maioria dos agricultores eram homens (98,13%) e que apenas uma pequena parte da população agrícola era constituída por mulheres agricultoras (1,86%).

Quadro 10: Distribuição dos inquiridos em função do género (N=107)

S. No.	Category	Frequency	Percentage
1.	Men	105	98.13
2.	Women	2	1.86

Esta distribuição pode dever-se ao facto de, em Bengala Ocidental, principalmente por razões socioeconómicas, a maior parte das operações agrícolas ser efectuada exclusivamente por homens e de as terras agrícolas serem também legalmente propriedade dos homens da família.

4.1.3 Tipo de família

Os dados relativos ao tipo de família dos inquiridos são apresentados no quadro 11. A leitura do quadro 11 mostra que a maioria dos inquiridos (75,70%) pertencia a famílias nucleares e os restantes 24,29% pertenciam a famílias conjuntas.

Quadro 11: Distribuição dos inquiridos em função do tipo de família (N=107)

S. No.	Category	Frequency	Percentage
1.	Joint	26	24.29
2.	Nuclear	81	75.70

Isto indica que o sistema familiar nuclear está a substituir gradualmente o sistema familiar conjunto nas zonas rurais de Bengala Ocidental, à semelhança do resto do país. Tal pode dever-se a razões socioculturais, como a substituição do antigo sistema de valores tradicional por um sistema de valores progressivo e moderno, e também a razões económicas, uma vez que as famílias pequenas são fáceis de manter e têm menos encargos económicos. Resultados semelhantes foram também registados por Dutta (2012), que constatou que a maioria dos agricultores (64%) provinha de famílias nucleares.

4.1.4 Tamanho da família

O quadro 12 revela que a maioria dos agricultores (74,76%) tinha uma família pequena e apenas 25,23% pertenciam a uma família média, enquanto nenhum dos agricultores tinha famílias grandes.

Table 12: Distribuição dos inquiridos em função da dimensão da família (N=107)

S. No.	Category	Frequency	Percentage
1.	Small (Up to 5 members)	80	74.76
2.	Medium (6-9 members)	27	25.23

Este pequeno tamanho de família a que a maioria dos inquiridos pertencia pode ser atribuído a mais de três quartos dos inquiridos (Tabela 11) que tinham famílias nucleares. Além disso, pode concluir-se que as pessoas na área de estudo parecem estar conscientes da força social e económica do planeamento familiar.

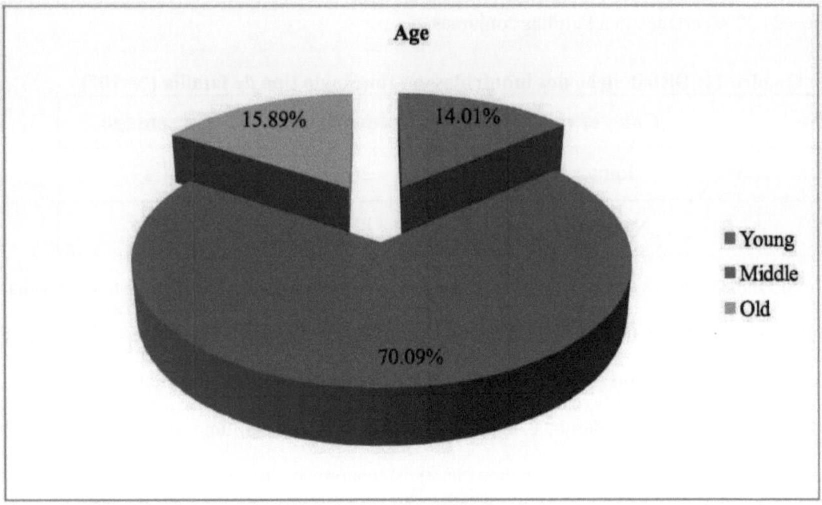

Figure 2: Distribuição dos agricultores participantes de acordo com a composição etária

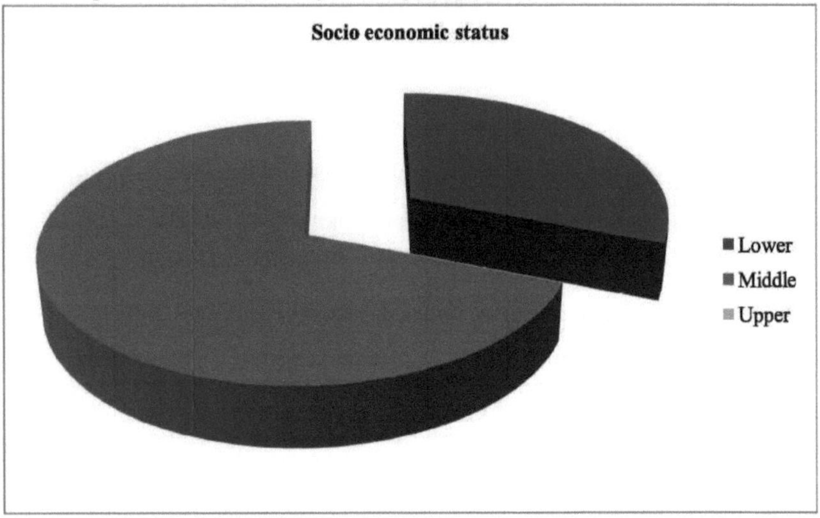

Figura 3: Distribuição dos agricultores de acordo com o estatuto socioeconómico

4.1.5 Situação socioeconómica

O estatuto socioeconómico dos agricultores foi estudado utilizando a escala padrão preparada por Singh e Vinay (2012) e os resultados foram apresentados na tabela 13 e graficamente apresentados na figura 3. O resultado revela que a maioria dos agricultores (69,15%) pertencia ao estatuto socioeconómico inferior, enquanto os restantes 30,84% pertenciam a uma família de classe média, sem ninguém na classe alta.

Table 13: Distribuição dos inquiridos de acordo com o seu estatuto socioeconómico (N=107)

S. No.	Category	Frequency	Percentage
1.	Lower class(below 90)	74	69.15
2.	Middle class(90-182)	33	30.85

Embora as conclusões acima referidas sejam, de certa forma, enganadoras, se olharmos para as diretrizes do Programa Integrado de Desenvolvimento de Terras Desertas, as razões por detrás deste resultado serão confirmadas. Isto deve-se à prioridade dada aos agricultores desfavorecidos no âmbito do Programa de Desenvolvimento Integrado de Terras Desertas, razão pela qual a maioria dos agricultores participantes pertencia a uma situação socioeconómica inferior. Os resultados podem ser verificados com base nas conclusões de Purushotham, Kopputhal e Devi (1988), que referiram que 62% dos inquiridos pertenciam ao grupo de baixo rendimento, enquanto 24% pertenciam ao grupo de rendimento médio e 14% pertenciam ao grupo de rendimento elevado.

3.1.6 Contacto da agência de extensão

Os dados relativos ao contacto dos inquiridos com agências externas são apresentados no quadro 14 e representados graficamente na figura 4. O quadro 14 mostra que nenhum agricultor teve qualquer contacto com pessoas do Krishi Vigyan Kendra e com especialistas da universidade e que a grande maioria (96,26% e 89,72%) dos agricultores nunca contactou o responsável pelo desenvolvimento da agricultura (ADO) desta zona e outras organizações não governamentais

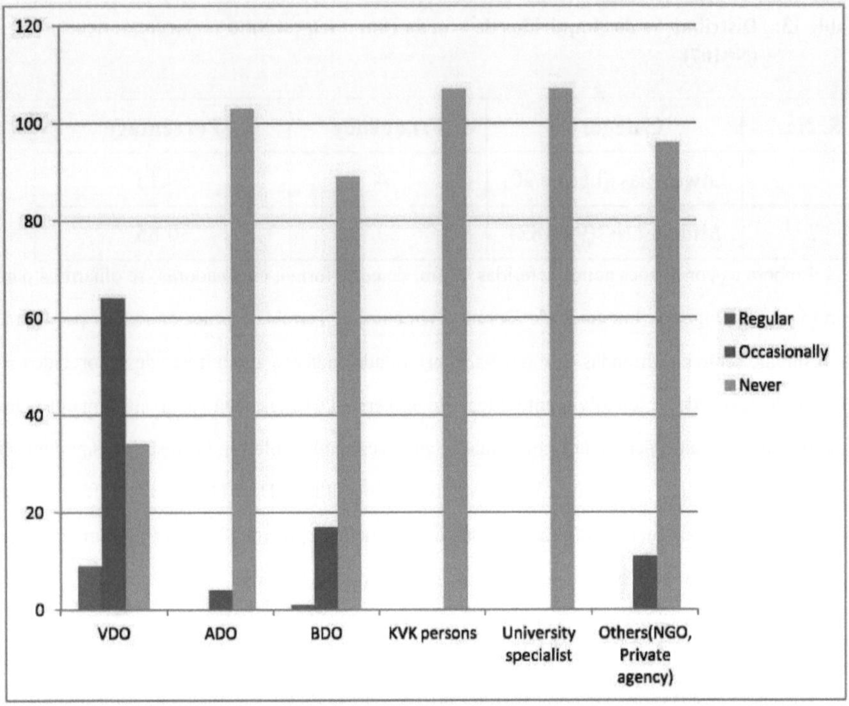

Figure 4: Distribuição dos inquiridos de acordo com o contacto com a agência de extensão

e agências privadas. Do mesmo modo, a maioria dos agricultores (83,18%) nunca contactou o responsável pelo desenvolvimento do quarteirão (BDO) deste quarteirão e mais de metade dos agricultores (59,81%) costumava estabelecer contactos ocasionais com o responsável pelo desenvolvimento da aldeia (VDO), enquanto 3,74%, 15,89% e 10,28% dos agricultores estabeleciam contactos ocasionais com o responsável pelo desenvolvimento da agricultura, o responsável pelo desenvolvimento do quarteirão e outros (organizações não governamentais, agências privadas), respetivamente. Apenas 8,41% dos agricultores contactaram os responsáveis pelo desenvolvimento das aldeias e apenas um agricultor declarou ter contactado regularmente o responsável pelo desenvolvimento do bairro (BDO).

Quadro 14: Distribuição dos agricultores em função da frequência de contacto com os diferentes agentes de extensão (N=107)*.

S. No.	Extension agency	Regular		Occasionally		Never	
		F	%	F	%	F	%
1.	VDO	9	8.41	64	59.81	34	31.78
2.	ADO	-	-	4	3.74	103	96.26
3.	BDO	1	.93	17	15.89	89	83.18
4.	KVK persons	-	-	-	-	107	100
5.	University specialists	-	-	-	-	107	100
6.	Others (NGO, Private agency)	-	-	11	10.28	96	89.72

*São permitidas respostas múltiplas

Foi revelado, através de discussão, que a maioria dos agricultores tinha a perceção de que o Oficial de Desenvolvimento de Aldeia não tinha muito conhecimento técnico e eficiência para ajudá-los nos seus problemas relacionados com a agricultura, os quais estão principalmente relacionados com a água e o solo e requerem um conhecimento apropriado e profundo e também uma grande quantidade de investimento económico e ação comunitária para serem resolvidos. Os responsáveis pelo desenvolvimento das aldeias (VDO), embora não regulares, costumavam visitar ocasionalmente os agricultores para lhes prestar ajuda. O escritório do Oficial de Desenvolvimento Agrícola destinado a esta zona está localizado a uma distância de 47 quilômetros da aldeia, de modo que a maioria dos aldeões nunca entrou em contato com o Oficial de Desenvolvimento Agrícola para resolver seu problema e, segundo os agricultores, o Oficial de Desenvolvimento Agrícola também nunca visitou a aldeia. Embora alguns aldeões fizessem contactos ocasionais com o responsável pelo desenvolvimento do bloco (BDO) ou com o pessoal do escritório do responsável pelo desenvolvimento do bloco (BDO), a maioria dos aldeões considera que o responsável pelo desenvolvimento do bloco (BDO) é uma pessoa altamente qualificada e que os agricultores não estão assim tão qualificados para estabelecer contacto com ele. No caso das pessoas do Krishi Vigyan Kendra, a distância é também um grande fardo que resulta em pouco contacto com elas. A falta de presença de qualquer universidade agrícola neste distrito ou em distritos adjacentes é a principal razão para o não contacto com especialistas universitários. As agências privadas ou as organizações não governamentais (ONG) também fazem uma abordagem limitada para contactar os agricultores desta região geograficamente desfavorecida.

4.1.7 Comportamento de procura de informação

A utilização de diferentes fontes de informação formais e informais pelos inquiridos foi medida em termos da frequência de utilização de diferentes fontes de informação para entretenimento pelos inquiridos. A utilização de fontes interpessoais para fins educativos e de entretenimento foi analisada e discutida separadamente da seguinte forma:

4.1.7.1 Utilização de fontes de informação interpessoais

Os dados relativos à utilização de fontes interpessoais de informação são apresentados no quadro 15 e representados graficamente na figura 5. As fontes interpessoais mais comuns utilizadas pela maioria dos agricultores (72,89 por cento e 78,50 por cento) para obter informação ocasionalmente foram os amigos e os familiares, respetivamente, seguidos de 21,49 por cento dos inquiridos que recorreram ocasionalmente a agências externas para obter informação, menos de um quarto (21,55 por cento) dos inquiridos recorreram a amigos e apenas 1,87 por cento dos inquiridos recorreram regularmente a agências externas para obter informação. Fontes como os agricultores progressistas e as organizações não governamentais (ONG) foram utilizadas ocasionalmente por 5,60% e 10,28% dos agricultores, respetivamente, para obter as informações necessárias.

Quadro 15: Distribuição dos inquiridos com base na utilização de fontes de informação interpessoais (N=107)*

S. No.	Source	Regular		Occasionally		Never	
		F	%	F	%	F	%
1.	Friends	23	21.55	78	72.89	6	5.60
2.	Progressive farmers/ successful persons	-	-	6	5.60	101	9.44
3.	External agencies	2	1.87	23	21.49	82	76.63
4.	Relatives	-	-	84	78.50	23	21.49
5.	Others (NGO, Private agency)	-	-	11	10.28	96	89.71

*São permitidas respostas múltiplas

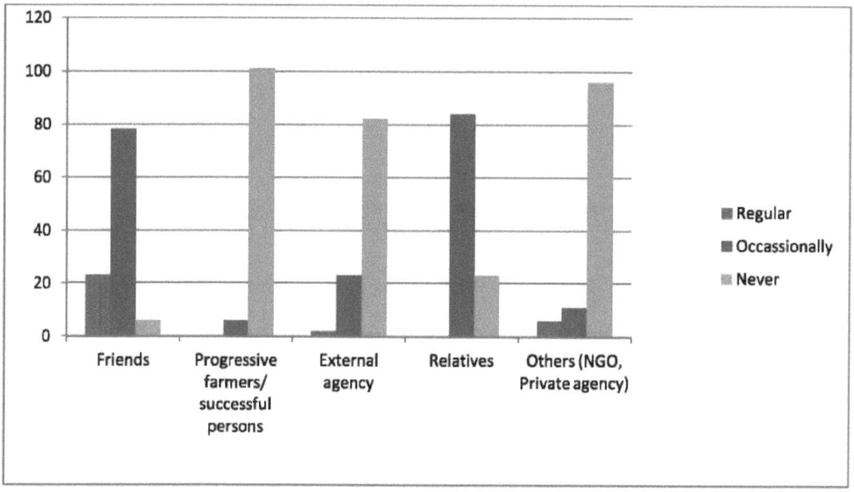

Figura 5: Distribuição dos inquiridos com base no comportamento de procura de informação

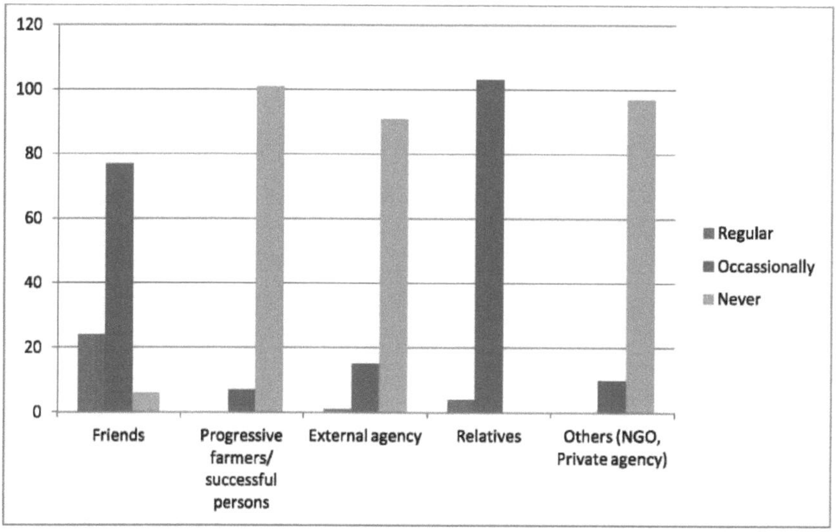

Figura 6: Distribuição dos inquiridos com base no comportamento de procura de informação sobre entretenimento

Foi revelado durante a discussão com os inquiridos que as fontes de informação mais comuns utilizadas nestas aldeias eram os amigos e os familiares, embora a maioria dos agricultores as utilizasse ocasionalmente. A falta de abordagem por parte de agências externas, tais como Organizações Não Governamentais (ONG) e organizações privadas, aos agricultores desta região pode ser a principal razão pela qual estas fontes foram negligenciadas pelos agricultores como uma potencial fonte de informação e também a natureza substancial da agricultura para a maioria dos agricultores, que os tornou menos enérgicos na procura de informação de fontes potenciais numa base regular.

4.1.7.2 Utilização de fontes interpessoais para entretenimento

Os dados relativos à utilização de fontes interpessoais para entretenimento foram apresentados na tabela 16 e representados graficamente na figura 6. O quadro 16 mostra que a maior parte dos inquiridos recorre a amigos (71,96%) e familiares (96,26%) para fins de entretenimento, seguidos de agências externas (14,01%), outros (9,34%) e pessoas bem sucedidas (6,54%) numa base ocasional. Os amigos e familiares e as agências externas foram utilizados por 22,43%, 3,74% e 0,93% dos inquiridos, respetivamente, numa base ocasional para fins de entretenimento. Verificou-se também que nenhum dos inquiridos recorreu regularmente a agricultores progressistas e a outros (organizações não governamentais, agências privadas) para fins de entretenimento.

Quadro 16: Distribuição dos inquiridos com base na utilização de fontes interpessoais para entretenimento (N=107)*

S. No.	Source	Regular		Occasionally		Never	
		F	%	F	%	F	%
1.	Friends	24	22.43	77	71.96	6	5.60
2.	Progressive farmers/ successful persons	-	-	7	6.54	101	94.39
3.	External agencies	1	.93	15	14.01	91	85.04
4.	Relatives	4	3.74	103	96.26	0	0
5.	Others	-	-	10	9.34	97	90.65

*São permitidas respostas múltiplas

Nas zonas rurais de Bengala, existe uma cultura de partilhar a felicidade e a alegria com os familiares e amigos durante a *puja* ou qualquer outro momento de lazer. É por isso que a maioria dos agricultores recorre ocasionalmente a amigos e familiares para fins de entretenimento.

A discussão acima revela que os amigos e os familiares foram as fontes interpessoais mais importantes de informação, bem como de entretenimento. Este facto pode dever-se ao seu fácil acesso e abordagem.

4.1.8 Exposição aos meios de comunicação social

A exposição dos inquiridos aos meios de comunicação social foi medida em termos de frequência de utilização de diferentes fontes de meios de comunicação social para fins educativos ou de entretenimento.

inquiridos. A fim de obter uma imagem mais clara, a exposição aos meios de comunicação social para fins educativos e de entretenimento foi analisada e discutida separadamente, como se indica a seguir:

1.1.8.1 Utilização dos meios de comunicação social na educação

Os dados relativos à utilização dos meios de comunicação social para fins educativos foram apresentados no quadro 17 e representados graficamente na figura 7. O quadro 17 mostra claramente que, numa base regular, o jornal foi a fonte de informação mais utilizada por 33,64% dos agricultores, seguido do telemóvel (29,90%), da rádio (24,29%) e da televisão (24,29%). Os dados também revelam que, ocasionalmente, o telemóvel foi a fonte mais utilizada (37,38%), seguido do jornal (23,36%), da rádio (15,89%) e da televisão (11,21%). Nenhum dos inquiridos utilizou revistas e quiosques para obter informações, enquanto apenas um agricultor utilizou a Internet como fonte de informação.

Table 17: Distribuição dos inquiridos com base na utilização dos meios de comunicação social para fins educativos (N=107)*

S. No.	Source	Regular		Occasionally		Never	
		F	%	F	%	F	%
1.	Television	26	24.29	12	11.21	69	64.48
2.	Radio	26	24.29	17	15.89	64	59.81
3.	Mobile	32	29.90	40	37.38	35	32.71
4.	Newspaper	36	33.64	25	23.36	46	42.99
5.	Magazines	-	-	-	-	107	100
6.	Internet	1	.93	1	.93	105	98.13
7.	Kiosk	-	-	-	-	107	100

*São permitidas respostas múltiplas

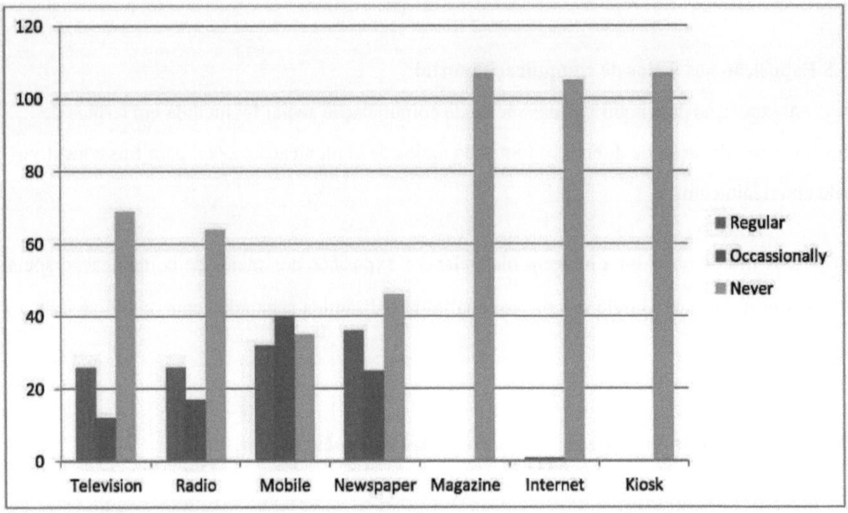

Figure 7: **Distribuição dos inquiridos com base no comportamento de exposição aos meios de comunicação social para fins educativos**

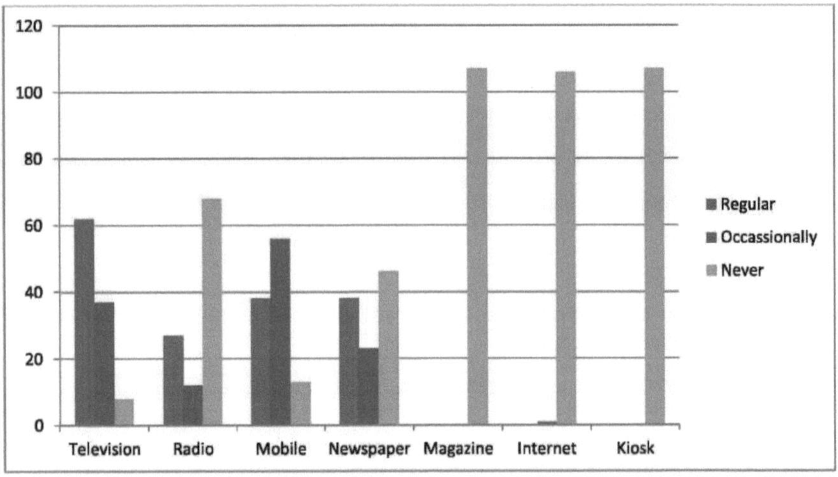

Figure 8: **Distribuição dos inquiridos com base no comportamento de exposição aos meios de comunicação social para fins de entretenimento**

Os resultados acima referidos revelam que os agricultores utilizaram uma variedade de meios de comunicação social para fins educativos e que os meios de comunicação social mais comuns utilizados atualmente para fins educativos são a televisão, a rádio e o telemóvel. O telemóvel aparece como a fonte de informação mais utilizada e a elevada penetração da comunicação móvel, independentemente do estatuto socioeconómico, pode ser a razão para tal. As discussões informais com os agricultores também revelaram que os agricultores utilizadores da Internet acedem principalmente à Internet através do telemóvel. A indisponibilidade de quiosques e revistas e a baixa literacia podem ser as principais razões para a não utilização destas fontes de informação.

1.1 .8.2 Utilização dos meios de comunicação social para entretenimento

Os dados relativos à utilização dos meios de comunicação social para fins de entretenimento são apresentados no quadro 18 e representados graficamente na figura 8. Os meios de comunicação social mais utilizados regularmente pelos agricultores inquiridos para fins de entretenimento são a televisão (57,94%), seguida do jornal, do telemóvel (ambos com 35,51%) e da rádio (25,53%). O telemóvel foi utilizado ocasionalmente por 52,34% dos inquiridos para fins de entretenimento, seguido da televisão, do jornal e da rádio, que foram utilizados por 34,58%, 21,49% e 11,21% dos inquiridos, respetivamente. O quadro é semelhante ao da educação, pois também aqui as revistas e os quiosques não foram utilizados por nenhum dos inquiridos para fins de entretenimento, enquanto a Internet foi utilizada por apenas um agricultor.

Table 18: Distribuição dos inquiridos com base na utilização dos meios de comunicação social para entretenimento (N=107)*

S. No.	Source	Regular		Occasionally		Never	
		F	%	F	%	F	%
1.	Television	62	57.94	37	34.58	8	7.48
2.	Radio	27	25.23	12	11.21	68	63.55
3.	Mobile	38	35.51	56	52.34	13	12.14
4.	Newspaper	38	35.51	23	21.49	46	42.99
5.	Magazines	-	-	-	-	107	100
6.	Internet	-	-	1	.93	106	99.06
7.	Kiosk	-	-	-	-	107	100

*São permitidas respostas múltiplas

A partir do quadro 18, pode concluir-se que, para fins de entretenimento, a utilização dos meios de comunicação social está a aumentar de dia para dia e o telemóvel e a televisão surgem como os meios de comunicação social mais populares para entretenimento. Mas a rádio, que era um dos meios de comunicação social mais populares, especialmente nas zonas rurais da Índia, está a perder a sua importância de dia para dia e, atualmente, é gradualmente substituída pelo telemóvel, pela televisão e por outros meios de comunicação social baseados em satélite. Com a mudança de estilo de vida e a elevada penetração da rede móvel nas zonas rurais, o telemóvel está também a tornar-se um dos instrumentos de entretenimento mais importantes, tanto nas zonas rurais como nas urbanas.

4.2Extensão da participação dos agricultores nas actividades de gestão dos recursos naturais no âmbito do IWDP

Os dados relativos ao grau geral de participação dos agricultores foram apresentados no quadro 19 e representados graficamente na figura 9. Revela claramente que a maioria dos agricultores (69,15%) apresentou um nível médio de participação nas actividades de gestão dos recursos naturais no âmbito do IWDP, seguido de um nível de participação elevado (19,63%) e baixo (11,21%).

Table 19: Distribuição dos inquiridos com base no grau de participação (N=107)

S. No.	Category	Frequency	Percentage
1.	Low	12	11.21
2.	Medium	74	69.15
3.	High	21	19.63

A partir dos dados acima, podemos concluir que o projeto, embora não tenha sido totalmente bem sucedido em evocar a participação total dos agricultores, é uma condição bastante satisfatória em que o baixo nível de participação é de apenas 11,21% em comparação com muitos programas de desenvolvimento do governo, incluindo vários projectos do IWDP que também foram tidos em consideração e falharam apenas devido ao baixo nível de participação das pessoas.

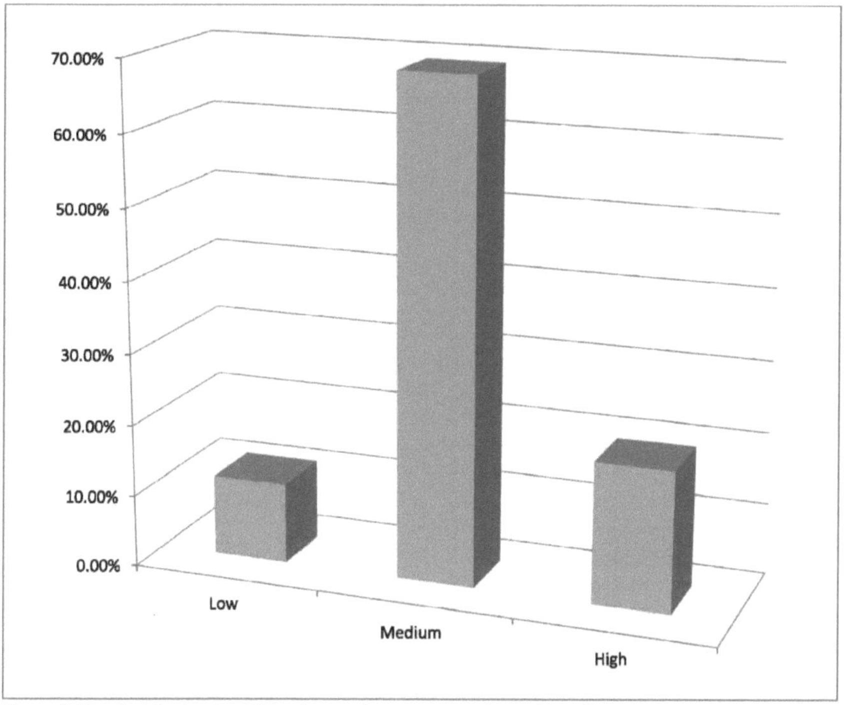

Figura 9: Distribuição dos inquiridos de acordo com o grau de participação

O quadro 20 revela que, na fase de planeamento, a grande maioria dos agricultores (84,11%) só participou parcialmente, enquanto 14,01% participaram plenamente e 1,86% nunca participaram. A não participação foi elevada na mobilização de contribuições, na qual mais de metade dos agricultores (56,07%) nunca participou, seguida da participação na decisão sobre o tratamento de terras privadas, na qual quase metade dos agricultores (50,46%) nunca participou. A grande maioria dos agricultores **costumava participar na gramsabha de forma ocasional (72,89%) ou regular (23,36%).**

Table 20: Distribuição dos agricultores de acordo com o seu grau de participação na fase de planeamento da gestão do projeto (N=107)

S. No.	Activities	Extent of participation					
		Full participation		Partial participation		Non participatio n	
		F	%	F	%	F	%
1	Participation in providing benchmark information	25	23.36	39	36.45	43	40.18
2	Participation in deciding treatment in private land	29	27.10	39	36.45	39	36.45
3	Participation in deciding treatment in common land and drainage line	20	18.69	33	30.84	54	50.46
4	Participation in *gramsabha*	25	23.36	78	72.89	4	3.74
5	Participation in mobilizing contributions	16	14.95	31	28.97	60	56.07
Overall participation in planning stage		15	14.01	90	84.11	2	1.86

Também na fase de implementação, a grande maioria dos agricultores (98,13%) teve uma participação parcial e, comparativamente, um número menor de pessoas (93%) teve uma participação total, como se pode ver no quadro 21. O quadro revela ainda que, na maioria das actividades da fase de implementação, cerca de 40 a 60% dos agricultores participaram apenas parcialmente. No caso da supervisão de actividades em terrenos privados, a participação total dos agricultores foi ligeiramente superior (24,29%) à da supervisão de actividades em terrenos comuns (16,82%). Apenas 9,34% dos agricultores participaram regularmente em todas as actividades de *shramdan*.

Table 21: Distribuição dos agricultores de acordo com o seu grau de participação na fase de implementação da gestão do projeto (N=107)

S. No.	Activities	Extent of participation					
		Full participation		Partial participation		Non participation	
		F	%	F	%	F	%
1	Supervision of the activity in private land	26	24.29	64	59.81	17	15.88
2	Supervision of the activity in common land and drainage line	18	16.82	45	42.05	44	41.12
3	Suggesting availability of main resources	18	16.82	43	40.18	46	42.99
4	Development of community assets in common land	12	11.21	65	60.75	30	28.03
5	Participation in *shramdan*	10	9.34	69	64.48	28	26.16
Overall participation in implementation stage		1	0.93	105	98.13	2	1.86

Na fase de pós-implementação, a maioria dos agricultores (60,75%) participou apenas parcialmente, seguida por 30,84% de agricultores na categoria de não participação e 8,41% na categoria de participação total, conforme apresentado no quadro 22. O quadro revela também que uma percentagem muito pequena de agricultores participou plenamente em actividades como a contribuição para a realização de trabalhos de manutenção (11,21%), a supervisão dos trabalhos de manutenção (12,14%) e a sugestão de actividades de manutenção (19,62%). No caso da contribuição para a realização dos trabalhos de manutenção, a não participação foi elevada (61,68%).

Table 22: Distribuição dos agricultores de acordo com o seu grau de participação na fase pós-implementação da gestão do projeto (N=107)

S. No.	Stage	Extent of participation					
		Full participation		Partial participation		Non participation	
		F	%	F	%	F	%
1	Suggesting about maintenance of activities	21	19.62	41	38.32	45	42.05
2	Supervision of maintenance work	13	12.14	37	34.58	57	53.27
3	Contribution to take up maintenance work	12	11.21	29	27.10	66	61.68
Overall participation in Post implementation stage		9	8.41	65	60.75	33	30.84

Na fase de monitorização e avaliação, a maioria (60,75%) dos agricultores nunca participou, seguida de 21,49% com um nível médio de participação e 17,76% com um nível elevado de participação, conforme apresentado no quadro 23. Também revela que em todas as actividades desta fase a não participação foi bastante elevada, pois no caso da avaliação das actividades 79,44% dos agricultores nunca participaram, seguido do desenvolvimento de indicadores participativos (69,16%) e do acompanhamento (68,22%).

Table 23: Distribuição dos agricultores de acordo com o seu grau de participação na fase de acompanhamento e avaliação da gestão do projeto (N=107)

S. No.	Stage	Extent of participation					
		Full participation		Partial participation		Non participation	
		F	%	F	%	F	%
1	Participation in developing participatory indicators	21	19.62	12	11.21	74	69.16
2	Participation in monitoring	20	18.69	14	13.08	73	68.22
3	Participation in evaluation of the activities	20	18.69	2	1.87	85	79.44
Overall participation in monitoring and evaluation stage		19	17.76	23	21.49	65	60.75

Os dados dos quadros 20, 21, 22 e 23 projectam o grau de participação dos agricultores no IWDP, com um nível médio de participação global dos agricultores. Na fase de planeamento, apenas 14,01% dos agricultores participaram plenamente e 1,86% não participaram e na fase de monitorização e avaliação, 17,76% dos agricultores participaram plenamente enquanto 60,75% não participaram de todo. Isto pode dever-se ao facto de, ainda na aldeia, a estrutura tradicional da comunidade ter uma forte influência, na qual tais trabalhos relativos a actividades intelectuais são realizados por pessoas de estatuto socioeconómico mais elevado. No caso da fase de pós-implementação, 30,84% dos agricultores nunca participaram, enquanto 60,75% participaram plenamente. Este resultado vai contra o relatório de Badal, Kumar e Bisaria (2006), que registaram uma percentagem mais elevada (78%) de participação em programas de desenvolvimento de bacias hidrográficas no Rajastão. Reddy e Rao (2010), no seu estudo sobre a avaliação sistemática do Programa de Desenvolvimento Integrado de Terras Desertas e do Programa de Zonas Propensas à Seca em Andhra Pradesh, também concluíram que a participação das pessoas no planeamento das obras não era, em geral, a desejada na maioria das bacias hidrográficas. Os microplanos preparados eram de natureza estereotipada na maioria das bacias hidrográficas, o que apontava para a falta de participação das pessoas. Ramanna (1999) também referiu uma elevada participação em actividades como a recolha de factos, a identificação do problema, a decisão dos objectivos, o desenvolvimento do plano de trabalho e uma menor participação em actividades como a determinação do progresso e a avaliação do programa. Esta falta de participação nas fases de acompanhamento, avaliação e pós-implementação e o nível médio de participação em todas as fases podem dever-se à incapacidade do governo ou da administração local de sensibilizar as pessoas para os benefícios do programa, à falta de formação, à falta de esforços da agência governamental de extensão para sensibilizar os agricultores e fornecer-lhes informações relacionadas, ou à incapacidade das pessoas de compreenderem a importância da gestão dos recursos naturais, que só no futuro gerará mais rendimentos económicos e, por conseguinte, lhes proporcionará uma subsistência mais sustentável. Este facto foi confirmado por Badal, Kumar e Bisaria (2006), que referiram que a frequência das visitas dos extensionistas e a eficácia institucional revelaram uma relação positiva com a participação e a formação, mais do que com a educação, e tiveram uma influência significativa na motivação dos agricultores para agirem e contribuírem sob a forma de trabalho e/ou dinheiro.

4.3 Sustentabilidade social, ambiental e institucional das actividades de gestão dos recursos naturais no âmbito do IWDP

A sustentabilidade social e ambiental das actividades de gestão dos recursos naturais realizadas no âmbito do IWDP e as suas várias dimensões foram medidas utilizando a escala modificada que foi desenvolvida por Dolli (2004) e a análise detalhada dos resultados foi apresentada nas secções 4.3.1 e 4.3.2. Outra parte da sustentabilidade, a sustentabilidade institucional, que era uma variável de tipo descritivo, foi também avaliada segundo a escala modificada de Dolli (2004), cujos resultados são apresentados na secção 4.3.3.

4.3.1 Sustentabilidade social

A sustentabilidade social da atividade de gestão dos recursos naturais foi medida tendo em conta três dimensões, nomeadamente a participação das pessoas, a equidade e o processo de tomada de decisões sobre vários aspectos das actividades de gestão dos recursos naturais no âmbito do Programa Integrado de Desenvolvimento de Terras Desertas. Os dados relativos à sustentabilidade social das actividades de gestão dos recursos naturais em função do estatuto socioeconómico dos agricultores e da sustentabilidade social global são apresentados no quadro 24. Revela que, no caso dos agricultores com estatuto socioeconómico inferior, o índice de sustentabilidade social (44,81) foi inferior ao dos agricultores com estatuto socioeconómico médio (índice de sustentabilidade social 59,93). A sustentabilidade social global das actividades de gestão dos recursos naturais no âmbito do IWDP foi calculada em 49,17.

Table 24: Índice de sustentabilidade social de acordo com o estatuto socioeconómico dos agricultores

S. No.	Socio economic status of farmers	Percentage representation in the population	Average social sustainability index
1.	Lower	30.84	44.81
2.	Medium	69.15	59.93
Overall social sustainability index of NRM activities under IWDP			49.17

Pode concluir-se que o projeto ou as actividades desenvolvidas no âmbito do projeto conseguiram atingir um nível médio de sustentabilidade social.

Os dados apresentados no quadro 25 mostram a categorização dos agricultores de acordo com o nível de sustentabilidade social por eles percepcionado. Verificou-se que 68,22% dos agricultores consideravam que o projeto tinha uma sustentabilidade social média, seguida de alta (20,56%) e baixa (11,21%).

Table 25: Distribuição dos inquiridos de acordo com a sustentabilidade social das actividades de gestão dos recursos naturais no âmbito do IWDP (N= 107)

S. No.	Category	Frequency	Percentage
1.	Low	12	11.21
2.	Medium	73	68.22
3.	High	22	20.56

Para clarificar a imagem da sustentabilidade social global das actividades de gestão dos recursos naturais no âmbito do IWDP, cada dimensão da sustentabilidade social foi apresentada separadamente.

4.3.1.1 Participação das pessoas

Os dados relativos ao grau de participação das pessoas, mais especificamente dos agricultores, na gestão global dos recursos naturais no âmbito do IWDP foram apresentados no quadro 19. Pode concluir-se do quadro 19 que a maioria dos agricultores (69,15%) se encontrava na categoria de nível médio de participação, seguida de nível elevado de participação (19,63%) e nível baixo de participação (11,21%). O índice de participação de acordo com o estatuto socioeconómico dos agricultores é apresentado no quadro 26. O quadro mostra que, no caso dos agricultores com estatuto socioeconómico mais baixo, o índice de participação foi muito inferior (29,09) ao dos agricultores com estatuto socioeconómico médio (53,40). O índice global de participação foi de apenas 36,59.

Tabela 26: Índice de participação de acordo com o estatuto socioeconómico dos agricultores

Sl. No.	Socio economic status of farmers	Percentage representation in the population	Average participation index
1.	Lower	30.84	29.09
2.	Medium	69.15	53.40
Overall participation index of all farmer's in NRM activities under IWDP			36.59

O índice de participação mais baixo pode dever-se à fraca participação dos agricultores ou à sua não participação, especialmente na fase de planeamento, pós-implementação e monitorização, o que já foi explicado na secção 4.2.

4.3.1.2 Património

A equidade no envolvimento das secções desfavorecidas da sociedade, através de disposições especiais que lhes permitam participar ativa e responsavelmente nos esforços globais de gestão dos recursos naturais no âmbito do IWDP, foi avaliada tendo em conta as dimensões a saber: disposições estruturais e actividades específicas.

4.3.1.2.1 Disposição estrutural

Foi medido em termos de ajustamentos estruturais feitos pelo projeto para assegurar a participação de secções vulneráveis da sociedade, nomeadamente: sem-terra, mulheres, casta/ tribo de referência e outros. Os dados relativos a esta questão são apresentados no quadro 27, que mostra claramente que o projeto tomou disposições especiais e as implementou na realidade numa base de percentagem para envolver as secções acima mencionadas.

4.3.1.2.2Actividades específicas

Foi medido em termos de actividades orientadas para as secções vulneráveis que o projeto levou a cabo para envolver melhores oportunidades de subsistência e, desta forma, capacitou-as para terem uma melhor qualidade de vida. Os dados relativos a actividades específicas são apresentados no quadro 27. Revela que as actividades específicas dos grupos foram realizadas para grupos vulneráveis e atingiram uma pontuação de índice de 100. Mas a análise dos dados recolhidos através do calendário também revela que a atividade foi realizada apenas para as mulheres, envolvendo-as ou encorajando-as a formar grupos de autoajuda e, assim, melhorando economicamente as suas vidas e também as das suas famílias.

Quadro 27: Índice de equidade no envolvimento de sectores desfavorecidos da sociedade

S. No.	Arrangement/ activities	Equity index
1.	Structural arrangement	100
2.	Specific activities	100

Embora os dados apresentados acima revelem que o projeto tinha feito arranjos estruturais a cem por cento, conforme a perceção de todos os inquiridos, uma discussão informal com os agricultores e o pessoal do gabinete de desenvolvimento de bacias hidrográficas do distrito revelou que tais arranjos só foram feitos para as mulheres e outros grupos vulneráveis foram completamente ignorados a este respeito, embora nas diretrizes do projeto houvesse instruções específicas para envolver todas as secções desfavorecidas. Embora as razões específicas para este tipo de desarranjo não sejam ditas em voz alta, a falta de vontade política por parte dos órgãos do governo local foi vista como a principal barreira neste sentido por alguns dos funcionários e aldeões.

4.3.1.3 Tomada de decisões

Foi medido em termos do padrão de tomada de decisões seguido na identificação e execução de diferentes actividades do projeto e no acesso à informação relacionada com as actividades de gestão dos recursos naturais no âmbito do IWDP.

4.3.1.3.1 Padrão de tomada de decisão

Os dados relativos ao padrão de tomada de decisões foram avaliados através do índice de envolvimento, que foi medido a partir do nível de envolvimento de várias partes interessadas, nomeadamente os beneficiários em causa, o comité executivo, a assembleia geral, os chefes de aldeia e o pessoal do projeto nas decisões relacionadas com várias actividades, seleção de beneficiários, *etc.* Os dados apresentados no quadro 28 revelam que, para os agricultores de estatuto socioeconómico mais baixo, o índice foi de 56,98 e para os agricultores de estatuto socioeconómico médio, o índice foi ligeiramente melhor, 61,64.

Table 28: Índice de envolvimento no processo de tomada de decisões, segundo a experiência das várias categorias de agricultores

S. No.	Category of farmers according to socio economic status	Percentage representation in overall population	Index
1.	Lower	30.84	56.98
2.	Medium	69.15	61.64

As razões subjacentes a um índice ligeiramente inferior para os agricultores de estatuto socioeconómico inferior podem ser atribuídas ao baixo envolvimento no IWDP, que foi maior no caso dos agricultores com estatuto socioeconómico médio.

4.3.1.3.2 Acesso à informação

A leitura do quadro 29 revela que a maioria dos agricultores (70,09%) tinha um nível médio de acesso à informação relacionada com o projeto, seguido de 23,36% com um nível elevado de acesso e 6,54% com um nível baixo de acesso.

Table 29: Distribuição dos inquiridos de acordo com o seu acesso à informação necessária sobre o projeto

S. No.	Category	Frequency	Percentage
1.	Lower	7	6.54
2.	Medium	75	70.09
3.	Higher	25	23.36

As razões pelas quais a maioria dos agricultores tem um nível médio e baixo de acesso à informação podem ser devidas à falta de abordagem por parte dos agricultores ou também por parte do pessoal do projeto. A extensão do acesso à informação relacionada com o projeto, de acordo com o estatuto socioeconómico dos agricultores, foi apresentada no quadro 30, que indica claramente que, no caso dos agricultores de categoria socioeconómica média, o acesso médio foi de 70,83, enquanto que para os agricultores de estatuto socioeconómico inferior, foi de 42,06.

Table 30: Acesso à informação em função do estatuto socioeconómico dos agricultores

S. No.	Socio economic status of farmers	Percentage representation in the population	Average access index
1.	Lower	30.84	42.06
2.	Medium	69.15	70.83

A tendência acima referida pode dever-se à falta de sensibilização dos agricultores de estatuto socioeconómico mais baixo ou à incapacidade do governo ou dos organismos locais de os tornar intervenientes activos nas actividades globais.

4.3. 2Sustentabilidade ambiental

Um dos objectivos mais importantes das actividades de Gestão de Recursos Naturais no âmbito do IWDP era aumentar e manter a qualidade e a quantidade dos recursos naturais, conforme indicado pelo grau de sustentabilidade das actividades do ponto de vista ambiental, que foi medido através da avaliação de três dimensões, nomeadamente o aumento da vegetação, a intervenção tecnológica e o efeito ambiental para efeitos do estudo. Os dados apresentados no quadro 31 revelam que mais de metade dos agricultores (58,88%) consideraram que as actividades de gestão dos recursos naturais no âmbito do projeto tinham um nível médio de sustentabilidade ambiental, seguidos de 22,43% que as consideraram altamente sustentáveis e 18,69% que as consideraram pouco sustentáveis.

Table 31: Índice de sustentabilidade ambiental segundo a perceção dos agricultores

S. No.	Category of environmental sustainability (As perceived by respondents)	Agreed respondent's frequency	Agreed respondent's percentage
1.	Low	20	18.69
2.	Medium	63	58.88
3.	High	24	22.43

A análise dos dados recolhidos revela também que as actividades globais do projeto tiveram um nível médio de sustentabilidade ambiental (índice global de sustentabilidade ambiental 55,75).

Para clarificar a imagem da sustentabilidade ambiental global das actividades de gestão dos recursos naturais no âmbito do IWDP, cada dimensão da sustentabilidade ambiental foi apresentada separadamente nas secções seguintes:

4.3.2.1 Aumento da vegetação

O aumento do coberto vegetal, devido às actividades realizadas no âmbito do IWDP, foi medido em termos de aumento do coberto florestal, do coberto vegetal hortícola, do coberto vegetal herbáceo e da área de culturas agrícolas. Os dados sobre as várias dimensões do aumento da vegetação são apresentados no quadro 32, que revela que todos os inquiridos concordaram que o coberto florestal foi aumentado na área do projeto e que o coberto vegetal hortícola não foi aumentado na área. A grande maioria dos inquiridos (89,72 por cento e 88,75 por cento) concordou que o coberto vegetal e o coberto vegetal agrícola aumentaram devido à implementação do projeto.

Table 32: Distribuição dos inquiridos de acordo com a sua concordância com vários aspectos do aumento da vegetação (N=107)

S. No.	Nature	Agreed		Not agreed	
		Frequency	%	Frequency	%
1.	Forest cover	107	100	-	-
2.	Horticulture crop cover	-	-	107	100
3.	Grass land cover	96	89.72	11	10.28
4.	Agricultural crop area	95	88.78	12	11.21

As discussões informais com os agricultores revelaram que o coberto florestal aumentou devido à silvicultura social, principalmente nas terras comuns e na área de culturas agrícolas. A área das culturas da estação *rabi* aumentou principalmente devido à criação de uma estrutura de armazenamento de água e, por conseguinte, à maior disponibilidade de água de irrigação durante a estação *rabi*. Nesta zona, a horticultura não é praticada pelos agricultores como uma empresa agrícola e os agricultores produzem sobretudo culturas hortícolas limitadas, principalmente para consumo doméstico. Esta pode ser a razão para o não aumento da cobertura vegetal hortícola.

4.3.2. 2Intervenção tecnológica

A intervenção tecnológica nas actividades de gestão dos recursos naturais no âmbito do IWDP foi medida em termos da utilização de várias tecnologias modernas para a conservação ou melhoria dos recursos do solo, da água e das plantas e da consideração da tecnologia indígena disponível nesta área para efeitos de gestão dos recursos naturais.

4.3.2.2.1 Utilização de tecnologias modernas

Os dados relativos à consideração da utilização de tecnologias modernas foram apresentados no quadro 33, que mostra claramente que, nas actividades de desenvolvimento de terras privadas, a maioria dos inquiridos concordou que as tecnologias modernas foram consideradas ou utilizadas em quase todos os tratamentos, exceto no caso da técnica de produção hortícola e outros. Mas, no caso da tecnologia de produção vegetal (58,88%), das culturas e do padrão de cultivo (68,22%) e da técnica de estabelecimento de florestas (77,57%), menos agricultores concordaram com a utilização da dimensão tecnológica moderna do que noutras actividades. No caso das actividades de desenvolvimento de terras comuns, a maioria dos agricultores também utilizou tecnologias modernas.

Table 33: Distribuição dos inquiridos de acordo com a sua concordância sobre a consideração da tecnologia moderna (N=107)

S. No.	Treatment/ Area	Considered		Not considered	
		F	%	F	%
A.	Private land development activities				
1	Erosion checking measure	104	97.19	3	2.80
2	Water harvesting measure	106	99.06	1	0.93
3	Horticultural production technique	8	7.47	99	92.52
4	Forest establishment technique	83	77.57	24	22.43
5	Crops and cropping pattern	73	68.22	34	31.77
6	Crop production technology	63	58.88	44	41.12
7	Others	1	0.93	106	99.06
B.	Common land development activities				
1	Erosion checking measure	105	98.13	2	1.87
2	Water harvesting measure	105	98.13	2	1.87
3	*Nala* stabilization	101	94.39	6	5.60
4	Grass land development	103	96.26	4	3.74
5	Others	-	-	107	100

As razões por detrás da não utilização da tecnologia moderna no caso da produção hortícola, como referido na secção 4.3.2.1, podem dever-se à menor importância e prática da horticultura pelos agricultores desta aldeia. A partir dos resultados acima, também se pode concluir que o pessoal do projeto e os agricultores também estavam bastante conscientes da necessidade da tecnologia moderna, da sua utilização para a conservação adequada e melhoria do estado dos recursos naturais.

4.3.2.2.2Utilização de tecnologia autóctone

Os dados relativos à utilização de tecnologia indígena são apresentados no quadro 34. Indica claramente que, no caso de actividades de desenvolvimento de terras privadas, todos os inquiridos opinaram que a tecnologia indígena não foi considerada no caso da técnica de produção hortícola e de outras medidas, seguidas por 96,26% de agricultores que opinaram que as tecnologias indígenas não foram consideradas para a técnica de estabelecimento de florestas e culturas, juntamente com o padrão de cultivo. Além disso, 91,59% dos agricultores opinaram que as tecnologias indígenas também não foram consideradas para a tecnologia de produção de culturas, enquanto uma percentagem menor de agricultores, ou seja, 60,74% e 51,40%, respetivamente, apoiou a não consideração das tecnologias indígenas nas medidas de controlo da erosão e de captação de água em terras privadas. No caso de actividades de desenvolvimento de terras comuns, a maioria dos agricultores (83,17, 75,70 e 58,88%) concordou que as tecnologias indígenas foram consideradas na medida de colheita de água, na medida de controlo da erosão e na estabilização *da nala*, respetivamente, enquanto mais de metade dos agricultores (58,88%) e todos os agricultores discordaram de considerar as tecnologias indígenas no desenvolvimento de terras de pastagem e outras medidas, respetivamente.

Table 34: Distribuição dos inquiridos de acordo com a sua concordância sobre a consideração da tecnologia indígena (N=107)

Sl. No.	Treatment/ Area	Considered		Not considered	
		F	%	F	%
A.	Private land development activities				
1	Erosion checking measure	42	39.25	65	60.74
2	Water harvesting measure	52	48.59	55	51.40

3	Horticultural production technique	-	-	107	100
4	Forest establishment technique	4	3.74	103	96.26
5	Crops and cropping pattern	4	3.74	103	96.26
6	Crop production technology	9	8.41	98	91.59
7	Others	-	-	107	100
B.	Common land development activities				
1	Erosion checking measure	81	75.70	26	24.29
2	Water harvesting measure	89	83.17	18	16.82
3	*Nala* stabilization	63	58.88	44	41.12
4	Grass land development	44	41.12	63	58.88
5	Others	-	-	107	100

4.3.2. 3Efeitos ambientais

Os dados relativos aos efeitos ambientais das actividades de gestão dos recursos naturais foram apresentados na tabela 35. Pode concluir-se do quadro que todos os inquiridos concordaram que as actividades criaram um efeito favorável no solo e nas plantas, seguidos de 87,54% e 57,94% que opinaram um efeito positivo nos seres humanos e nos animais. Menos de metade (42,05%) dos agricultores afirmaram que não havia qualquer efeito ou que o efeito era negativo para os animais, seguidos de 12,14% de agricultores que afirmaram que o efeito era negativo ou que o efeito era nulo para os seres humanos.

Table 35: Distribuição dos inquiridos de acordo com a sua opinião sobre os efeitos ambientais (N=107)

S. No.	Activities	Positive effect		Negative /no effect	
		Freq.	%	Freq.	%
1.	Soil	107	100	-	-
2.	Plants	107	94.39	-	-
3.	Animal	62	57.94	45	42.05
4	Human beings	94	87.85	13	12.14

As razões subjacentes à opinião de efeito negativo ou nulo sobre o efetivo pecuário prendem-se com a diminuição das pastagens devido à silvicultura social em terrenos comuns, conforme opinião dos agricultores durante a discussão informal com eles. As razões por detrás da resposta de 12,14% dos agricultores a um efeito negativo ou nulo sobre os seres humanos podem dever-se ao facto de o efeito de uma melhor gestão e conservação dos recursos naturais não ser imediato, especialmente sobre os meios de subsistência dos agricultores, uma vez que os seus efeitos serão vistos por eles em termos de aumento da produção agrícola e, por conseguinte, do seu rendimento após alguns anos.

4.3. 3Sustentabilidade institucional

A sustentabilidade institucional foi avaliada tendo em conta a adequação e o desempenho das instituições locais, tais como o comité a nível da aldeia, o grupo de utilizadores e os grupos de autoajuda. Cada dimensão da sustentabilidade institucional foi apresentada separadamente nas secções que se seguem:

4.3.3.1 Adequação

Os dados relacionados à adequação das instituições da aldeia foram apresentados na tabela 36. Ela revela que, no caso do comitê de aldeia e do grupo de usuários, a proporção de instituições por 100 famílias foi de 0,37 para ambos os tipos de instituições e, no caso dos Grupos de Autoajuda, foi de 2,46. A representação por 100 famílias na instituição foi mais elevada no caso dos grupos de autoajuda (61,36%), seguida dos grupos de utilizadores (40,15%) e dos comités de aldeia (32,57%).

Table 36: Adequação das instituições locais na aldeia em estudo (Número total de agregados familiares = 528)

S. No.	Type of Institution	Number of institutions	Number of members	Ratio of institutions per 100 households	Representation per 100 families
1.	Village committee	2	172	0.37	32.57
2.	Self Help Group	13	324	2.46	61.36
3.	User group	2	212	0.37	40.15

Pode concluir-se dos dados acima que, na área de estudo, havia uma instituição a nível da aldeia e um grupo de utilizadores por cada 270 famílias e um grupo de autoajuda por cada 40 famílias. O resultado acima não é adequado ou suficiente quando o comparamos com as conclusões de Dolli, Bablabad e Patil (2012), que relataram a presença de uma instituição a nível de aldeia por cada 100 famílias e um grupo de autoajuda por cada cinco famílias no bem-sucedido projeto de desenvolvimento de bacias hidrográficas de Karnataka e concluíram também que o tipo de instituições locais e a sua composição desempenham um papel significativo na garantia da participação das pessoas e também na sustentabilidade da gestão dos recursos naturais e que um comité a nível de aldeia por aldeia é o mais adequado.

4.3.3. 2Desempenho

O desempenho das instituições locais foi medido através da avaliação da frequência das reuniões realizadas e da participação dos membros nas mesmas, bem como das ligações funcionais com outras organizações de desenvolvimento e organizações privadas. Os dados relativos à frequência das reuniões e à participação são apresentados na tabela 37 e na tabela 38, que revelam que, durante os primeiros anos do projeto, a frequência das reuniões era quinzenal ou mensal, com uma participação crescente de homens e mulheres todos os anos, e que, nos últimos dois anos, a frequência das reuniões foi reduzida para mensal, com uma diminuição drástica da participação dos homens, enquanto a participação das mulheres se manteve estável até 2011, exceto no primeiro ano, em que foi bastante baixa (53,33%) em comparação com os outros anos.

Table 37: Frequência das reuniões e participação média dos membros nas reuniões das comissões de aldeia durante os cinco anos do período do projeto

S. No.	Year	Frequency of meeting conducted	Average attendance of members	
			Men	Women

1.	2006	Fortnightly	76.37	53.33
2.	2007	Fortnightly	85.58	71.11
3.	2008	Monthly	82.67	80
4.	2009	Monthly	70.07	84.44
5.	2010	Monthly	63.77	80
6.	2011	Monthly	66.92	82.22

Table 38: Frequência das reuniões e participação média das mulheres nas reuniões dos grupos de autoajuda durante os cinco anos do período do projeto

S. No.	Year	Frequency of meeting conducted	Average attendance of women members
1.	2006	Fortnightly	51.11
2.	2007	Fortnightly	68.88
3.	2008	Fortnightly	82.22
4.	2009	Fortnightly	80.00
5.	2010	Fortnightly	84.44
6.	2011	Monthly	82.22

Os dados relativos às ligações funcionais com outros departamentos de desenvolvimento são apresentados no quadro 39, onde as instituições foram classificadas de acordo com o número médio de vezes que foram contactadas. Revela que o banco foi a instituição mais contactada, seguida da cooperativa, do panchayat, do gabinete de desenvolvimento de blocos, dos departamentos de pecuária e das organizações privadas.

Quadro 39: Ligação das instituições da aldeia com vários departamentos ou organizações de desenvolvimento

S. No.	Ranked order of the institutions/ department	No of times contacted (Frequency)	Purpose
1.	Bank	25-30	Financial

2.	Co operatives	22-25	Information Input Financial
3.	Panchayat	20-25	Information General purpose
4.	BDO office	10-15	Information Suggestion Administrative Financial
5.	Livestock department	10-15	Treatment of animal
6.	Private organization	5-7	Input

Dolli, Babalad e Patil (2012), no seu estudo sobre a sustentabilidade institucional, concluíram que a assiduidade total era necessária para monitorizar o desenvolvimento e que as ligações funcionais eficazes são indicadores-chave da sustentabilidade das instituições locais. Na discussão acima, observou-se que, embora não se tenha verificado uma participação de cem por cento nas reuniões das instituições ao nível da aldeia, a participação foi bastante elevada (cerca de 80 por cento) tanto para os homens como para as mulheres, exceto nos últimos dois anos em que a participação dos homens diminuiu para uma média de 65 por cento. As discussões informais com os aldeões revelaram que tal pode dever-se a razões políticas ou a uma diminuição do interesse. No entanto, a participação das mulheres nas reuniões do comité da aldeia e nas reuniões do grupo de autoajuda também foi bastante elevada. Isso pode ser devido ao sucesso do projeto de envolver as mulheres nas atividades econômicas, principalmente através da organização delas em Grupos de Auto-Ajuda, tornando-as, assim, uma fonte de renda funcional para sua família. No caso da freqüência das reuniões das instituições das aldeias, ela foi reduzida no estágio posterior para uma vez por mês e, no caso dos Grupos de Autoajuda, também uma vez por mês, em vez de quinzenalmente, durante os três primeiros anos, durante o ano anterior. Hemlatha, Prasad e Omprakash (1997) também relataram uma frequência de reunião de uma vez por mês no caso de grupos de autoajuda bem-sucedidos. Reddy e Rao (2010), no seu estudo, referiram que, no caso do IWDP, o programa foi implementado entre 1996 e 1999, durante um período de 4 anos. Como tal, realizaram pelo menos 16 reuniões durante o programa. Todas as bacias hidrográficas realizaram 16 reuniões e, nalguns casos, mais, o que indica um funcionamento eficaz da associação de bacias hidrográficas. No que respeita ao programa para as zonas afectadas pela seca, o programa foi implementado entre 1998/99 e 2002/03 e, de acordo com as diretrizes, deveriam ter realizado pelo menos 20 reuniões durante o programa. Observou-se que apenas em quatro das 15 bacias hidrográficas, o número de reuniões realizadas foi igual ou superior a 20. No caso de dez bacias hidrográficas, as reuniões realizadas variaram entre quatro e dez e apenas numa bacia hidrográfica as reuniões foram realizadas em 15 ocasiões. No âmbito do Programa DPAP, nas bacias hidrográficas geridas por ONG, as reuniões foram realizadas regularmente em 15% dos casos. Em geral, a participação foi de 100% nos casos em que os agregados familiares eram inferiores a 200 e, à medida que o número de agregados familiares aumentava, a percentagem de participação diminuía, pois a maioria deles teria saído da área. Considerando que a sua participação no presente estudo foi bastante satisfatória. No caso da ligação funcional, o banco foi a instituição mais contactada e foi contactado principalmente para fins de transação e empréstimo. O departamento de bacias hidrográficas também era contactado regularmente como o banco, mas aqui isso não é levado em consideração porque ele era a organização-mãe da instituição de nível de aldeia.

4.4 Relação entre o estatuto socioeconómico e as caraterísticas de comunicação dos agricultores e o grau de participação

Os dados relativos à correlação entre o estatuto socioeconómico (variável independente) e o grau de participação (variável dependente) são apresentados no quadro 40. O quadro 40 mostra claramente que, nas quatro fases de gestão do projeto, ou seja, planeamento, execução, pós-implementação e acompanhamento e gestão, o grau de participação dos agricultores e o seu estatuto socioeconómico têm uma correlação positiva e que estes coeficientes de correlação são significativos, tanto ao nível de significância de 0,01 como de 0,05%. Isto indica a aceitação da hipótese alternativa. Na fase de planeamento, o valor da correlação é de 0,574, na fase de implementação é de 0,403, na fase de pós-implementação é de 0,535 e na fase de monitorização e avaliação é de 0,563. O grau de participação na gestão global do projeto tem um valor de correlação de 0,560 com o estatuto socioeconómico dos agricultores.

Quadro 40: Correlação entre o estatuto socioeconómico e o grau de participação

S. No.	Stages	Correlation value
1.	Planning	0.574
2.	Implementation	0.403*
3.	Post implementation	0.535*
4.	Monitoring and evaluation	0.563*
5.	Overall extent of participation	0.560*

*= Significância aos níveis de significância de 0,01% e 0,05%.

Pode concluir-se dos resultados acima que o grau de participação dos agricultores na atividade de Gestão dos Recursos Naturais no âmbito do IWDP estava positivamente e altamente correlacionado com o estatuto socioeconómico dos agricultores. No caso da fase de controlo e avaliação, o coeficiente de correlação foi mais elevado (0,563). Na fase de implementação, o coeficiente de correlação foi, de certa forma, inferior ao das outras fases. As observações anteriores permitem concluir que, na fase de planeamento e na fase de acompanhamento e avaliação, os agricultores com estatuto socioeconómico mais elevado participaram mais do que os agricultores com estatuto socioeconómico mais baixo.

Os dados relativos à correlação entre as caraterísticas de comunicação dos inquiridos (variáveis independentes) e o grau de participação (variável dependente) foram apresentados no quadro 41, que mostra claramente que o contacto com a agência de extensão, o comportamento de procura de informação e a exposição aos meios de comunicação social têm um coeficiente de correlação positivo (0,490, 0,416 e 0,662) e uma relação significativa entre si. Indica também a aceitação da hipótese alternativa.

Table 41: Correlação entre as caraterísticas da comunicação e o grau de participação

S. No.	Variables	Correlation value
1.	Extension agency contact	0.490*
2.	Information seeking behaviour	0.416*
3.	Mass media exposure	0.662*

*= Significância aos níveis de significância de 0,01% e 0,05%.

Pode concluir-se do quadro 41 que as caraterísticas de comunicação dos agricultores influenciaram significativamente o grau de participação dos agricultores em várias fases da gestão do projeto. De entre as três caraterísticas de comunicação aqui estudadas, a exposição aos meios de comunicação social tem o coeficiente de correlação mais elevado, o que permite concluir que pode influenciar maioritariamente o grau de participação.

4.6 Constrangimentos enfrentados pelos agricultores ao participarem nas actividades de gestão dos recursos naturais no âmbito do IWDP

As dificuldades enfrentadas ou percebidas pelos agricultores ao participarem nas actividades de Gestão dos Recursos Naturais foram recolhidas em três dimensões, nomeadamente: para serem envolvidos na gestão do projeto, sobre os tratamentos de gestão dos recursos naturais aplicados no âmbito do projeto do IWDP e para o estabelecimento e gestão adequada das instituições locais para efeitos do projeto e a classificação dos constrangimentos foi feita com base nas respostas verbais do número máximo de agricultores na aldeia do projeto. Os constrangimentos enfrentados pelos agricultores nas actividades de gestão do projeto foram apresentados no quadro 42, que revela claramente que o baixo nível de participação dos beneficiários foi o principal constrangimento expresso pela maioria dos agricultores (85,98%), seguido da falta de interesse dos agricultores com poucas terras (77,57%).

Um olhar atento ao quadro 43 revela que a falta de ajuda do pessoal técnico do projeto foi o principal constrangimento referido pela maioria dos agricultores (77,57%), seguido da falta de formação (50,46%).

Table 42: Constrangimentos enfrentados pelos agricultores ao participarem nas actividades de gestão dos recursos naturais (na gestão do projeto)

S. No.	Constraints	Frequency	%
1.	Low level of participation by beneficiary farmers	92	85.98
2.	Lack of interest especially of those farmers having low land holdings	83	77.57
3.	Low level of education and lack of technical knowledge among members	78	72.89

4.	Lack of financial assistance for maintenance purpose	78	72.89
5.	Insufficient number of project staff and lack of help from them	57	53.27
6.	Improper availability of fund on timely basis	51	47.66
7.	Difficulties in obtaining loan from bank	39	36.44
8.	Lack of training on technical aspects	33	30.84
9.	Over influence of village elites and political influence	23	21.49
10.	Uneven distribution of benefits	21	19.62

Table 43: **Constrangimentos enfrentados pelos agricultores ao participarem em actividades de gestão dos recursos naturais (sobre o tratamento do desenvolvimento da bacia hidrográfica)**

S. No.	Constraints	Frequency	%
1.	Lack of help from project staff	83	77.57
2.	Lack of training	54	50.46
3.	Lack of interest of farmers to be involved in private land development activities except concerned beneficiary	51	47.66
4.	Uneven distribution of activities	49	45.79
5.	Decreasing of grazing land of animals	45	42.05
6.	Lack of timely supply of input materials	33	30.84

Os dados relativos aos constrangimentos enfrentados no estabelecimento e na gestão adequada das instituições locais são apresentados no quadro 44, que revela claramente que, no caso do estabelecimento e da gestão adequada das instituições a nível da aldeia, a falta de interesse das pessoas e a fraca e irregular presença dos membros foram os principais constrangimentos, tal como percebidos por 66,35 e 64,42% dos agricultores, respetivamente. No caso do estabelecimento e gestão de Grupos de Autoajuda, a pobreza ou a indisponibilidade de dinheiro nas mãos das mulheres foi a principal limitação, conforme expresso pela grande maioria das mulheres (91,83%).

Table 44: Constrangimentos enfrentados pelos agricultores ao participarem em actividades de gestão dos recursos naturais (no estabelecimento e gestão adequada das instituições locais)

S. No.	Constraints	Frequency	%
	Village committee		
1.	Lack of people's interest	71	66.35
2.	Poor and irregular attendance of members	70	65.42
3.	Competition among members	22	20.56
4.	Political interference	18	16.82
5.	Insufficient help from village panchayat	18	16.82
6.	Lack of special approach for vulnerable sections	17	15.88
7.	Low amount of fund for meeting administrative cost	9	8.41
	Self Help Groups (N=49)		
1.	Poverty or unavailability of money to the women	45	91.83
2.	Lack of interest in savings	29	59.18
3.	Lack of interest in financial contribution	29	59.18
4.	Low educational status of women members	25	51.02

Ao analisar os dados relacionados com os constrangimentos na participação, verificou-se que o baixo nível de participação dos agricultores beneficiários, a falta de interesse, especialmente dos agricultores com poucas terras, a influência excessiva das elites da aldeia e a influência política foram os principais constrangimentos na fase de planeamento. O número insuficiente de pessoal do projeto e a falta de ajuda do mesmo constituíram os constrangimentos na fase de execução e de gestão pós-projeto. Do mesmo modo, o baixo nível de educação e a falta de conhecimentos técnicos dos membros foram os constrangimentos na fase de planeamento, implementação e monitorização. A falta de formação sobre aspectos técnicos, as dificuldades em obter empréstimos bancários, a disponibilidade inadequada de fundos em tempo útil, a distribuição desigual de benefícios foram os constrangimentos percebidos pelos agricultores que os impediram de participar na fase de implementação, enquanto a falta de assistência financeira para fins de manutenção foi o principal constrangimento enfrentado pelos inquiridos na fase de pós-implementação. No caso de dificuldades no estabelecimento e gestão de grupos de autoajuda, os constrangimentos relatados em relação à pobreza dos agricultores e à falta de disponibilidade de dinheiro nas mãos das mulheres foram dominantes, o que pode ser devido à vida social tradicional dominada pelos homens, onde não é suposto as mulheres controlarem as questões financeiras de forma independente.

CAPÍTULO 5

Resumo e conclusão

A gestão dos recursos naturais (NRM) refere-se à utilização sustentável dos principais recursos naturais, como a terra, a água, o ar, os minerais, a biodiversidade e os recursos genéticos, os recursos de biomassa, as florestas, a pecuária e a pesca. Em conjunto, estes recursos fornecem os serviços ecossistémicos que sustentam a vida humana. Os recursos naturais, que são a própria base da sobrevivência, do progresso e da prosperidade humana, têm vindo a degradar-se rapidamente e o ritmo sem precedentes da sua erosão é uma das causas profundas da crise agrária que o país enfrenta (Ghosh, 2011). Com a aceleração do crescimento económico e populacional e a pobreza extrema, é necessário prestar mais atenção à gestão da água, das florestas e da terra, a fim de atenuar a pressão sobre os recursos naturais (Neun, 2012).

A Índia foi talvez o primeiro país em desenvolvimento a reconhecer formalmente o perigo da degradação dos recursos naturais e o seu impacto futuro na segurança alimentar e na prosperidade da nação. Uma vez que todos os recursos naturais interagem entre si e não reconhecem as fronteiras administrativas e que as forças que degradam os recursos naturais não podem ser contrariadas por uma única família que se preocupa em sobreviver sem a cooperação e coordenação de outras famílias, a "bacia hidrográfica" é considerada como uma unidade natural para o desenvolvimento, enquanto as famílias das aldeias que a integram constituem membros que trabalham em conjunto. O desenvolvimento das bacias hidrográficas surgiu, assim, como uma estratégia importante para o desenvolvimento rural, especialmente para dar resposta às preocupações e aos problemas das regiões do interior alimentadas pelas chuvas, que contribuem em grande medida para a segurança alimentar e os meios de subsistência rurais. A importância da agricultura de sequeiro e do desenvolvimento de terrenos baldios está a ser reconhecida pelos decisores políticos e estão a ser sugeridos esforços especiais para a sua melhoria. A abordagem de desenvolvimento de bacias hidrográficas é, portanto, propagada como algo que dará um grande impulso nessa direção.

Após a independência da Índia, o governo indiano e os diferentes governos provinciais adoptaram medidas de melhoramento, tais como medidas de desflorestação, medidas de conservação dos solos, programas de utilização das águas de escoamento, *etc.* Os programas de conservação do solo e da água nas bacias hidrográficas do vale do rio (1961-62) e o projeto dos rios propensos a inundações (1980-81) deram um grande impulso nesta direção. O êxito de vários programas culminou no projeto maciço do Projeto Nacional de Desenvolvimento de Bacias Hidrográficas para a Agricultura Pluvial (NWDPRA) e na participação de várias agências internacionais de financiamento, como o Banco Mundial, a Cooperação Económica Europeia (CEE), a Organização das Nações Unidas para a Alimentação e a Agricultura (FAO-PNUD), *etc.* Em 1973-74, foi lançado o Programa para as Zonas Propensas à Seca (DPAP), com o objetivo de resolver os problemas específicos enfrentados pelas zonas constantemente afectadas por condições de seca. O Programa de Desenvolvimento do Deserto (DDP) foi lançado em 1977-78 para atenuar os efeitos adversos da desertificação. O Governo da Índia lançou programas de desenvolvimento de bacias hidrográficas (WDP) em 1983-84, com o objetivo de conservar e utilizar os recursos naturais para aumentar a produtividade e melhorar o estatuto socioeconómico. Em 1987, o DPAP e o DDP foram integrados no programa de bacias hidrográficas. O Programa Integrado de Desenvolvimento de Terras Baldias (IWDP), lançado em 1989 sob a égide do Conselho Nacional de Desenvolvimento de Terras Baldias, também tinha como objetivo o desenvolvimento de terras baldias com base em bacias hidrográficas. Todos estes três programas foram integrados nas diretrizes para o desenvolvimento de bacias hidrográficas, com efeitos a partir de 1.4.1995, uma vez que a gestão integrada dos recursos naturais, nomeadamente a terra, a água, a vegetação, os animais e o ambiente, com base em bacias hidrográficas, surgiu como uma abordagem holística lógica e mais eficaz para a produção sustentável e o desenvolvimento global.

A experiência tem demonstrado que a sustentabilidade dos projectos de gestão de bacias hidrográficas está intimamente ligada à participação efectiva das comunidades que vivem dos recursos naturais. Por conseguinte, é importante compreender as condições em que as pessoas participam nos programas de gestão de bacias hidrográficas. Estas são: (i) sensibilização das pessoas para os potenciais benefícios da ação colectiva na conservação e gestão dos recursos naturais; (ii) inclusão de actividades orientadas para a procura no programa da bacia hidrográfica; (iii) capacitação das pessoas no planeamento, implementação e gestão de programas de bacias hidrográficas; e (iv) expetativa de elevados benefícios económicos privados (Joy *et al.,* 2006).

Dado que a importância do desenvolvimento das bacias hidrográficas como programa de conservação está a ser reconhecida não só para as zonas de chuva, mas também para as zonas de elevada pluviosidade, as regiões costeiras e as zonas de captação das barragens, e à medida que se vai estendendo, os estudos sobre estes programas identificaram várias questões que contribuíram para a sustentabilidade e o êxito das actividades empreendidas no âmbito destes programas e o seu impacto nos meios de subsistência dos agricultores participantes. A avaliação desses programas pela comissão de planeamento e por várias outras agências e investigadores governamentais e não governamentais revelou certas deficiências e lacunas no seu planeamento e execução, tais como uma preparação deficiente antes do projeto, a falta de coordenação entre as várias agências que executam o programa, um controlo interno deficiente e a ausência de partilha de custos pelos beneficiários, o que limitou a participação das pessoas.

Tendo em conta o que precede, o governo procedeu a uma nova revisão das diretrizes em 1.04.2003, após uma primeira revisão em 1995, em que todos estes programas (DDP, DPAP, NWDPRA, IWDP, *etc.)* foram integrados nas diretrizes para o desenvolvimento das bacias hidrográficas como gestão integrada dos recursos naturais, a fim de simplificar ainda mais os procedimentos e envolver mais significativamente as instituições Panchayati Raj (PRI) no planeamento, na execução e na gestão das actividades de desenvolvimento económico nas zonas rurais. Estas novas diretrizes foram designadas por Diretrizes para Hariyali. Tendo em conta estes factos, as questões de investigação para o presente estudo foram as seguintes

1. Em que medida as estratégias alteradas resultaram na sustentabilidade da gestão dos recursos naturais?
2. Quais são os factores que contribuem para o desenvolvimento sustentável dos recursos naturais?
3. Quais são os factores que influenciam a participação das pessoas?

Para obter uma resposta adequada às questões de investigação supramencionadas, o presente estudo, intitulado **"Estudo sobre a participação das pessoas e a sustentabilidade das actividades de gestão dos recursos naturais no âmbito do programa integrado de desenvolvimento de terrenos baldios no distrito de Bankura, em Bengala Ocidental"**, foi concebido com os seguintes objectivos

6. Estudar as caraterísticas socioeconómicas e de comunicação dos agricultores participantes no Programa Integrado de Desenvolvimento de Terras Desertas (IWDP).
7. Descobrir o grau de participação dos agricultores nas actividades de gestão dos recursos naturais no âmbito do IWDP na área de estudo.
8. Avaliar a sustentabilidade das actividades de gestão dos recursos naturais realizadas no âmbito do IWDP.

9. Estudar a relação entre as caraterísticas socioeconómicas e de comunicação dos agricultores e o grau de participação.
10. Estudar os constrangimentos enfrentados pelos agricultores ao participarem em actividades de gestão dos recursos naturais no âmbito do IWDP.

PRINCIPAIS CONCLUSÕES

I. Caraterísticas sócio-económicas e de comunicação dos agricultores

- A maioria dos inquiridos (70,09%) pertencia ao grupo etário médio, seguido de 15,89% dos que pertenciam ao grupo etário idoso e os restantes 14,01% pertenciam ao grupo etário jovem.
- A maioria dos agricultores eram homens (98,13%) e apenas uma pequena parte da população de agricultores era constituída por mulheres (1,86%).
- A maioria dos inquiridos (75,70 por cento) pertencia a uma família nuclear e os restantes 24,29 por cento pertenciam a uma família conjunta.
- A grande maioria dos agricultores (74,76%) tinha uma família pequena e apenas 25,23% pertenciam a uma família média. Mas nenhum agricultor tinha uma família de grandes dimensões.
- A maioria dos agricultores (69,15%) pertencia à classe de estatuto socioeconómico mais baixo, ao passo que os restantes 30,84% pertenciam à classe média, não havendo ninguém na classe alta.
- Nenhum agricultor manteve qualquer contacto com pessoas do KVK e especialistas da universidade e uma grande maioria (96,26% e 89,72%) dos agricultores nunca contactou com o ADO desta zona e com outras agências de extensão (ONGs, agências privadas), respetivamente. Do mesmo modo, a maioria dos agricultores (83,18%) nunca manteve qualquer contacto com o BDO deste bloco. Apenas 8,41% e 0,93% dos agricultores contactaram regularmente os VDOs e o BDO, respetivamente.
- As fontes interpessoais mais comuns utilizadas pela maioria dos agricultores (72,89% e 78,50%) para a obtenção de informações ocasionais foram os amigos e os familiares, respetivamente. 21,55% dos inquiridos recorreram a amigos e apenas 1,87% recorreram regularmente a agências externas para obter informações.
- A maioria dos inquiridos recorreu a amigos (71,96%) e familiares (96,26%) para fins de entretenimento numa base ocasional, enquanto nenhum dos inquiridos recorreu a agricultores progressistas e a outros (ONG, agências privadas) para fins de entretenimento numa base regular.
  - O jornal foi a fonte de informação mais comum utilizada por um terço dos agricultores

(33,64%), seguido do telemóvel (29,90%), da rádio (24,29%) e da televisão (24,29%). Nenhum dos inquiridos utilizou revistas e quiosques para obter informações, enquanto apenas um agricultor utilizou a Internet como fonte de informação.

- O meio de comunicação social mais utilizado regularmente para fins de entretenimento por mais de metade dos agricultores inquiridos foi a televisão (57,94%), seguida do jornal, do telemóvel (ambos com 35,51%) e da rádio (25,53%). As revistas e os quiosques não foram utilizados por nenhum dos inquiridos para fins de entretenimento, ao passo que a Internet foi utilizada apenas por uma percentagem ínfima de inquiridos (0,93%) numa base ocasional.
- Os telemóveis e a televisão surgem como os meios de comunicação mais populares para entretenimento e informação.

II. Grau de participação dos agricultores nas actividades de gestão dos recursos naturais no âmbito do IWDP

- A maioria dos agricultores (69,15%) apresentou um nível médio de participação nas actividades de gestão dos recursos naturais no âmbito do IWDP, seguido de um nível de participação elevado (19,63%) e baixo (11,21%).
- Na fase de planeamento, a grande maioria dos agricultores (84,11%) participou apenas parcialmente, enquanto 14,01% participaram plenamente e 1,86% nunca participaram.
- Também na fase de implementação, a grande maioria dos agricultores (98,13%) apresentou uma participação parcial e apenas um agricultor apresentou uma participação total.
- Na fase de pós-implementação, a maioria dos agricultores (60,75 por cento) participou parcialmente, seguida de 30,84 por cento de agricultores na categoria de não participação e 8,41 por cento na categoria de participação total.
- Na fase de monitorização e avaliação, a maioria (60,75%) dos agricultores nunca participou, seguida de 21,49% com um nível médio de participação e 17,76% com um nível elevado de participação.

III. Sustentabilidade social, ambiental e institucional das actividades de gestão dos recursos naturais no âmbito do IWDP

- Para os agricultores com estatuto socioeconómico mais baixo, o índice de sustentabilidade social (44,81) foi inferior ao dos agricultores com estatuto socioeconómico médio (índice de sustentabilidade social 59,93).

- A sustentabilidade social global das actividades de gestão dos recursos naturais no âmbito do IWDP foi calculada em 49,17.
- Para a maioria dos agricultores (68,22%), o projeto tinha uma sustentabilidade social média, seguida de alta (20,56%) e baixa (11,21%).
- No caso dos agricultores com estatuto socioeconómico mais baixo, o índice de participação (29,09) foi muito inferior ao dos agricultores com estatuto socioeconómico médio (53,40). O índice de participação global foi de apenas 36,59.
- O projeto tinha tomado disposições especiais e foi implementado na realidade numa base de percentagem para envolver as mulheres e as restantes secções desfavorecidas, como os sem-terra, SC/ST, *etc.*, não foram consideradas no âmbito do projeto da aldeia em estudo.
- Para os agricultores de estatuto socioeconómico mais baixo, o índice relativo ao padrão de tomada de decisões foi de 56,98 e para os agricultores de estatuto socioeconómico médio, o índice foi ligeiramente melhor (61,64).

- A maioria dos agricultores (70,09 por cento) tinha um nível de acesso médio, seguido de 23,36 por cento com um nível de acesso elevado e 6,54 por cento com um nível de acesso baixo.
- No caso da categoria socioeconómica média, o acesso médio dos agricultores foi de 70,83, enquanto que para os agricultores de estatuto socioeconómico inferior foi de 42,06.
- Mais de metade dos agricultores (58,88%) consideraram que as actividades de gestão dos recursos naturais no âmbito do projeto tinham um nível médio de sustentabilidade ambiental, seguidos de 22,43% que as consideravam altamente sustentáveis e 18,69% que consideravam que estas actividades tinham uma sustentabilidade ambiental baixa.
- Todos os inquiridos concordaram que a cobertura florestal aumentou na área no âmbito do projeto e que a cobertura das culturas hortícolas não aumentou na área. A grande maioria dos inquiridos (89,72% e 88,75%) concordou que a cobertura vegetal e a cobertura vegetal agrícola aumentaram devido à implementação do projeto.
- Nas actividades de desenvolvimento de terras privadas, a maioria dos inquiridos concordou que as tecnologias modernas foram consideradas ou utilizadas em quase todos os tratamentos, exceto no caso das técnicas de produção hortícola e outras. No caso das actividades de desenvolvimento de terras comuns, também foram utilizadas tecnologias modernas.

- No caso das actividades de desenvolvimento de terras privadas, todos os inquiridos opinaram que a tecnologia indígena não foi considerada no caso da técnica de produção hortícola e de outras medidas, seguidas por 96,26% de agricultores que opinaram que as tecnologias indígenas não foram consideradas para a técnica de estabelecimento de florestas e para as culturas e padrões de cultivo. 91,59% dos agricultores também opinaram que as tecnologias indígenas também não foram consideradas para a tecnologia de produção de culturas, enquanto uma percentagem menor de agricultores, *ou seja,* 60,74% e 51,40%, respetivamente, apoiaram a não consideração das tecnologias indígenas nas medidas de controlo da erosão e de recolha de água em terras privadas.
- No caso das actividades de desenvolvimento de terras comuns, a maioria dos agricultores (83,17, 75,70 e 58,88%) concordou que as tecnologias indígenas foram consideradas na medida de recolha de água, na medida de controlo da erosão e na estabilização *da nala*, respetivamente, enquanto a maioria dos agricultores (58,88%) e todos os agricultores discordaram da consideração de tecnologias indígenas no desenvolvimento de terras de pastagem e noutras medidas, respetivamente.
- Todos os inquiridos concordaram que as actividades criaram um efeito favorável no solo e nas plantas, seguidos de 87,54% e 57,94% que opinaram sobre um efeito positivo nos seres humanos e nos animais. Menos de metade dos agricultores (42,05%) disseram que não havia qualquer efeito ou que o efeito era negativo para os animais.
- No caso do comité da aldeia e do grupo de utilizadores, o rácio de instituições por 100 famílias foi de 0,37 para ambos os tipos de instituições e, no caso dos grupos de autoajuda, foi de 2,46. A representação por 100 famílias na instituição foi mais elevada no caso dos grupos de autoajuda (61,36%), seguida do grupo de utilizadores (40,15%) e do comité da aldeia (32,57%). Todos os tipos de representação eram comparativamente baixos em comparação com os resultados de outros projectos bem sucedidos.
- Durante os primeiros anos do projeto, a frequência das reuniões era quinzenal ou mensal, com um aumento da participação de homens e mulheres todos os anos e, durante os dois anos anteriores, a frequência das reuniões foi reduzida para mensal, com a participação dos homens a cair drasticamente, enquanto a participação das mulheres manteve uma taxa mais estável até 2011, exceto no ano inicial, em que foi bastante baixa (53,33%) do que nos outros anos.

  - O banco foi a instituição mais contactada, seguida da cooperativa, do panchayat, do gabinete BDO, dos departamentos de pecuária e das organizações privadas.

IV. Relação entre o estatuto socioeconómico e as caraterísticas de comunicação dos agricultores e o grau de participação

- Nas quatro fases de gestão do projeto, ou seja, planeamento, execução, pós-implementação e acompanhamento e avaliação, o grau de participação dos agricultores e o seu estatuto socioeconómico têm uma correlação positiva significativa. O grau de participação na gestão global do projeto teve um valor de correlação de 0,560 com o estatuto socioeconómico dos agricultores. Na fase de controlo e avaliação, o coeficiente de correlação foi mais elevado (0,563). Na fase de execução, o coeficiente de correlação foi, de certa forma, inferior ao das outras fases.
- O contacto com a agência de extensão, o comportamento de procura de informação e a exposição aos meios de comunicação social tiveram um coeficiente de correlação positivo (0,490, 0,416 e 0,662) e uma relação significativa entre si.

IV. Constrangimentos enfrentados pelos agricultores ao participarem em actividades de gestão dos recursos naturais no âmbito do IWDP

- Na gestão do projeto, o baixo nível de participação do beneficiário foi o principal constrangimento expresso pela maioria dos agricultores (85,98%), seguido da falta de interesse dos agricultores com poucas terras (77,57%).
- No caso do tratamento de desenvolvimento de bacias hidrográficas, a falta de ajuda do pessoal técnico do projeto foi o principal constrangimento, tal como referido pela maioria dos agricultores (77,57%).
- No caso do estabelecimento e da gestão adequada das instituições a nível de aldeia, a falta de interesse das pessoas e a presença fraca e irregular dos membros foram os principais obstáculos percebidos por 66,35 e 64,42% dos agricultores, respetivamente.

-Na criação e gestão de SHGs, a pobreza ou a indisponibilidade de dinheiro nas mãos das mulheres foram os principais constrangimentos, tal como expresso pela grande maioria das mulheres (91,83%).

5.1 Implicações do estudo

- Os resultados podem ser utilizados para desenvolver uma compreensão sobre os vários parâmetros socioeconómicos, culturais e muitos outros que contribuem para a intensidade da participação das pessoas e, assim, para o sucesso das actividades de Gestão de Recursos

Naturais, especialmente num contexto em que todos estes programas (IWDP, DPAP, *etc.)* são substituídos ou aguardam ser substituídos pelo novo e mais integrado e ambicioso Programa de Gestão Integrada de Bacias Hidrográficas.

- Os resultados serão muito úteis para o sistema de investigação, para reorientar e dar prioridade às áreas de investigação adequadas à área de estudo.
- Os resultados podem ser utilizados para orientar os investigadores e os decisores políticos na estruturação das diretrizes de programas do mesmo tipo, de modo a torná-los mais orientados para as pessoas.
- Para satisfazer os principais constrangimentos indicados pelos inquiridos na participação em actividades de gestão dos recursos naturais, a fim de garantir uma conservação e uma gestão mais eficientes dos recursos naturais numa base de bacia hidrográfica, envolvendo toda a comunidade agrícola como parte interessada ativa e garantindo assim a sustentabilidade da agricultura.
- As conclusões relativas à relação entre as caraterísticas socioeconómicas e de comunicação e o grau de participação podem ser utilizadas para identificar as fases cruciais das práticas de diversificação das explorações agrícolas.

-Os resultados também ajudarão os funcionários da extensão e outras organizações de desenvolvimento a eliminar a lacuna de informação entre eles e os agricultores em geral.

5.2 Áreas sugeridas para investigação futura

- Podem ser realizados estudos semelhantes em vários distritos do estado e do país para efeitos de generalização dos resultados.
- O mesmo estudo pode ser realizado numa escala maior, com um local alargado e mais parâmetros.
- Podem ser efectuados estudos semelhantes no caso de outros programas semelhantes para avaliar a participação das pessoas nos mesmos.
- Podem também ser estudados os conhecimentos e a sensibilização dos agricultores para a gestão dos recursos naturais e as questões ambientais.
- Podem também ser efectuados estudos relacionados com o impacto do IWDP nos meios de subsistência rurais.

- A avaliação global das actividades de gestão dos recursos naturais no âmbito do IWDP também pode ser feita para obter uma visão aprofundada do efeito.

CAPÍTULO 6

Literatura citada

Achut, R.K., Reddy, S. e Dilip, B.J. 2004. Measurement of Sustainability of Agriculture in Watershed Environment (Medição da Sustentabilidade da Agricultura em Ambiente de Bacia Hidrográfica). *MANAGE Extension Research Review,* 23: 59-67.

Anandaraja, N. 1999. Farm Mechanization in Tamil Nadu-Issues and Prospects (Mecanização Agrícola em Tamil Nadu - Questões e Perspectivas). Tese, M. Sc. (Agricultura). Universidade de Agricultura de Tamil Nadu, Coimbatore, 187p.

Ananth, P. N. 2001. Role of Farm Research System, Technology Transfer System and Clientele System in Achieving Sustainable Farm Production. Tese de doutoramento. Universidade de Agricultura de Tamil Nadu, Coimbatore, 230 p.

Badal, P.S., Kumar P. e Bisaria G. 2006. Dimensions and Determinants of Peoples' Participation in Watershed Development Programmes in Rajasthan [Dimensões e determinantes da participação das pessoas em programas de desenvolvimento de bacias hidrográficas no Rajastão]. *Agricultural Economics Research Review,* 19: 57-69.

Bagheri, H., Shabanali, F., Rezvanfar, A., Asadi, A. e Yazdani, S. 2008. Percepções dos produtores de arroz em relação às tecnologias agrícolas sustentáveis: Case of Haraz Catchments Area in Mazandaran province of Iran. *American Journal of Applied Sciences,* 5(10): 1384-1391.

Basavarajaiah, V. 2001. Impacto do programa de desenvolvimento da bacia hidrográfica de Edira nas famílias de agricultores no distrito de Mahaboobnagar de Andhra Pradesh). Tese, M. Sc. (Agricultura). Universidade de Agricultura Acharya N. G. Ranga, Hyderabad, 178 p.

Brown, J. 1994. Soil and Water Conservation Training and Extension: The Kenyan Experience. *Journal of International Agricultural Development,* 15(1): 82-85.

Chandra, S. 2002. Capacity Building of Informal Institutions through Watershed Management Programmes in Hilly Areas - An Experience in Nilgiris. *National Bank News Review,* 18(4): 43-49.

Dolli, S.S., Babalad, H.H., Patil, S.G.,2012. Sustentabilidade institucional no projeto de desenvolvimento de bacias hidrográficas. *Indian Journal of Social Research,* 53(4): 335-344.

Dutta, A. 2012. A Study on Practices and Perception of Farmers towards Farm Diversification in Burdwan District of West Bengal (Um estudo sobre as práticas e a perceção dos agricultores em relação à diversificação das explorações agrícolas no distrito de Burdwan, em Bengala Ocidental). Tese, M.Sc (

Agricultural extension and communication, Universidade de Agricultura e Tecnologia Gobind Ballabh Pant, Pantnagar, 107 p.

Dunlop, R.E., Beus, C.E., Nowell, R.E. e Wand, J., 1992. What is Sustainable Agriculture? An Empirical Examination Faculty and Farmer Definitions. *Journal of Sustainable Agriculture,* 3 (1): 5-39.

Dwarakinath, R. 2011. Addressing Drylands and Disadvantaged Farmers, Westville, Nova Deli. 32 p.

Ghosh, G. 2011. Relatório sobre a gestão das catástrofes naturais, ATI, Calcutá, p.3- 9.

Hemalatha, Prasad, C. e Omprakash, 1997. Sustainable Employment for Women-Mahila Chetna Manch mostra o caminho. *Gramin Vikas Newsletter,* 13(6):13-15.

ICRISAT. 2001. Economics of Pasture Protection and Development Rajasthan: Relatório intercalar apresentado ao Departamento de Bacias Hidrográficas e Conservação do Solo, Governo do Rajastão, Patancheru: ICRISAT (projeto). 569 p.

Iqbal, M. 1991. A Study on the Impact of Watershed Development Programme in Nalgonda District of Andhra Pradesh. Tese, M. Sc. (Agricultura). Universidade Agrícola de Andhra Pradesh, Hyderabad, 210 p.

Jagdale e Nimbalkar 1993. Role of Socio-personal, Economic and Psychological Characters of Farmers on Knowledge about Improved Dryland Technology. *Maharashtra Journal of Extension Education,* 12: 119-123.

Joseph, L. e Easwaran, K. 2006. SHGs and Tribal Development in Mizoram. *Kurukshetra,* 54(3): 37-48.

Joy, K.J., Saha, A., Paranjape, S., Badiger, S. e Lele, S. 2006. Occasional paper : Reorienting the Watershed Development Programme in India Forum For Watershed Research And Policy Dialogue. 22 p.

Khalache, P.G., More, S.M. e Patil, R.Y. 1994. Actividades de gestão de bacias hidrográficas no campo do cultivador. *Maharashtra Journal of Extension Education,* (13): 149-154.

Kanju 1992. Participação das pessoas na gestão das bacias hidrográficas: A case study of DVC. *Jornal de Desenvolvimento Rural,* 4: pp.409.

Kerr, J., Pangare, G., Pangare, L. e George, P. 2000. Sustainable Agriculture and Natural Resource Management in India's Semi-arid Tropics. Em *Tradeoffs or synergies? Agricultural intensification, economic development and the environment, ed. D.R.'Lqqq.* D.R. 'LQQ e C.B. Barrett. Wallingford, Reino Unido: CAB International. A publicar. 130 p.

Kishor, V. 2000. Problems and Prospects of Watershed Development in India, Occasional Paper No. 12, National Bank for Agriculture and Rural Development, Mumbai, 18 p.

Madhavreddy, K.V. 2001. People's Participation in Watershed Development Projects Implemented by Government and NGO - A Comparative Study. Tese, M.Sc. Universidade de Ciências Agrícolas, Bangalore, 191 p.

Manay, S. e Farzana, C. 2000. Socio-economic Characteristics of Rural Family (Caraterísticas socioeconómicas da família rural). *Maharashtra Journal of Extension Education,* 19: 325-328.

Oikos. (2000). Social and Institutional Issues in Watershed Management in India (Questões Sociais e Institucionais na Gestão de Bacias Hidrográficas na Índia). IIPR, Nova Deli, p. 98

Neun, H. 2012. Programa de Gestão dos Recursos Naturais, Nova Deli 110 029, Índia, p.2

Palanisami, K., Kumar, D.S. e Chandrasekaran, B. 2002. Watershed Development: Concepts and Issues, *In:* Watershed Management: Issues and Policies for 21st Century. Eds: Palanisami, K., Kumar D. S. and Chandrasekaran, B. New Delhi, Associated Publishing Company.pp.1-15.

Comissão de planeamento. 2000. Ninth Plan Mid Term Appraisal Report of the Working Group on Natural Resources Management, Eleventh Five Year Plan (2007- 2012), **Volume I: Synthesis,** Government of India. 84 p.

Prasad, V. N. R. 1994. Desafios para satisfazer as necessidades futuras de água. Em Shivakamal, Balekundi Trust, Universidade de Ciências Agrícolas, Bangalore, p.8.

Purushotham, V., Kopputhal, V. e Devi, N., 1988. Nation Profile of Selected Expectant Mother and the Cost of Pregnancy (Perfil nacional de uma futura mãe selecionada e o custo da gravidez). *Indian Journal of Nutritions Dietat,* 25 (8): 247-248.

Raghunandan, H. C. 2004. A Study on Knowledge and Adoption Level of Soil and Water Conservation Practices by Farmers in Northern Karnataka [Um estudo sobre o conhecimento e o nível de adoção das práticas de conservação do solo e da água pelos agricultores no Norte de Karnataka]. *Journal of Extension Education,* 6(1): 1023-1024.

Raghuprasad, K.P., Umamahesh, A.B. e Mohan, LN. 2004. Grupos de autoajuda: Strengths and constraints in introducing Agro-based Enterprises. In National Seminar on Contemporary Challenges for India Agriculture and Rural Development, January2004. Universidade de Ciências Agrárias, Dharwad, 13 p.

Ramanna, K.N., 1999, Peoples' participation in planting and implementation of integrated watershed development programme - A comparative study of watersheds of Government vis-a-vis NGO. *Tese de doutoramento,* Universidade Agrícola de Tamil Nadu, Coimbatore, 288 p.

Rao, S. 2000. Sustainability Factors in Watershed Project, Social and Institutional Issues in Watershed Management in India, Instituto Internacional de Reconstrução Rural (IRRI).77 p.

Rao, M. S. R. e Reddy, M. S. 2010. Systematic Evaluation of IWDP and DPAP Programmes: A Study of Kumool District, Andhra Pradesh. Livelihoods and Natural Resource Management Institute, Hyderabad, 61 p.

Reddy, R.V. 2000. Sustainable watershed management-institutional Approach, *Economic and Political Weekly,* 35(42): 3435-3444.

Reddy, Y. V. R., Sastry, G., Hcmalatha, B., Prakash, O. e Ramakrishna, Y. S. 2010. Evaluation of Watershed Development Programmes in India (Avaliação dos Programas de Desenvolvimento de Bacias Hidrográficas na Índia), Instituto Central de Investigação para a Agricultura de Terras Secas, Hyderabad, Índia. 103 p.

Sarkar, J. 2001. A Study on the Impact of Dryland Agriculture Project on the Participating Farmers of Raghunathpur Block of Purulia District, West Bengal. Tese, Mestrado (Agricultura) Bidhan Chandra Krishi Visavidyalaya, Kalyani, 142 p.

Samara, J.S. e Narain, P. 2000. Soil and Water Conservation, *Fifty Years of Natural Resource Management Research,* pp. 145-175.

Singh, D.K., Gautam, U.S. e Pandey, S.N. 2007. Constraints Analysis of Technological Awareness of the Farmers (Análise dos Constrangimentos da Consciência Tecnológica dos Agricultores). *Indian Research Journal of Extension Education,* 7(9): 33-37.

Singh, M. P. 1990. Rainfed Agro-Technology on Watershed Basis - A Case Study. *Indian Journal of Extension Education,* 26(3 e 4): 47-52.

Singh, P., Behera, H. C. e Singh, A. 2011 Impact and Effectiveness of "Watershed Development Programmes" In India [Impacto e eficácia dos programas de desenvolvimento de bacias hidrográficas na Índia]. Centro de Estudos Rurais, Instituto Nacional de Investigação Administrativa, pp.3-9.

Singh, S., Makhija, V.K., Godara, A. e Nanwal, R.K. 2003. Socio-economic status of mushroom growers in Haryana. *Haryana Agricultural University Journal of Research,* 32(2): 149-151.

Suresh, K.A., 1990, Participation of beneficiaries in the development programmes of nongovernmental organizations in Kerala. *Journal of Rural Development,* 9 (5): 911-915.

Swaminathan, M.S., 1991. Agricultura para o século XXI, *Kissan World,* pp.1-12.

PNUD 2000. Relatório sobre o Desenvolvimento Humano. Citado a partir de Report of The Working Group on Watershed Development, Rain fed Farming and Natural Resource Management for The Tenth Five Year Plan, Governo da Índia, Comissão de Planeamento 2001. 72 p.

Vohra, B. B. 1990. Managing India's Water Resources - The Intach Environmental Series, Citado no Relatório do Grupo de Trabalho sobre o Desenvolvimento de Bacias Hidrográficas, Agricultura Alimentada pela Chuva e Gestão de Recursos Naturais para o Décimo Plano Quinquenal, Governo da Índia, Comissão de Planeamento 2001. 72 p.

Inquérito económico, 2011-2012

http://bankura.nic.in/agri/agriculture.htm. Dados da agricultura. 21/02/2013

http://www.censusindia. gov.in. Perfil do distrito. 18/02/2013

http://www. india.gov. in. Documento de abordagem do plano quinquenal. 25/01/2013 http://www.mapsofindia.com. Mapa de Bankura. 2/03/2013

http://www. agricoop.nic.in. Informações sobre o regime. 3/03/2013

http://www. mord.gov. in. Diretrizes para o desenvolvimento de bacias hidrográficas. 10/01/2013

http ://www. westbengal. gov.in. Localização do distrito de Bankura. 13/02/2013

Apêndice

Detalhes do perfil

Nome do entrevistado: **Data:**

1. **Aldeia:**
2. **Idade:**
3. **Género:** a) Homem b) Mulher
4. **Tipo de família:** a) Conjunta b) Nuclear
5. **Dimensão da família:** a) Até 5 membros b) 6-9 membros c) 10 e mais
6. **Estatuto socioeconómico:**

i) Viver num tipo de casa

a. Sem sítio para viver
b. Cabana *JhuggH*
c. Casa *Kaccha*
d. Casa mista
e. *Pakka* com sombra de estanho
f. *Pakka* com forro

ii) Bem de família/ material

A) Recursos para a cozinha

a. *Chullah* tradicional
b. *Chulha* sem fumo
c. Panela de pressão
d. Botija de gás
e. Bio-gás
f. Gama de cozedura
g. Fogão solar
h. Micro-ondas ou forno

B) recursos para mobiliário

a. Tabela
b. Cadeira

c. Banco
d. Berço dobrável
e. Cama individual
f. Cama de casal
g. Conjunto de sofá
h. Mesa de jantar
i. Colchão de esponja

C) Recursos de entretenimento

a. Gravador de cassetes ou rádio
b. Sistema de música
c. Telemóvel ou telefone
d. TV a preto e branco
e. T.V. a cores
f. Antena parabólica
g. Computador
h. Computador portátil ou LED

D) Recursos eléctricos

a. Prensa eléctrica
b. Aquecedor
c. Ventilador
d. Moinho misturador
e. Frigorífico
f. Máquina de lavar roupa
g. Câmara digital
h. Ar condicionado

111) Posse de terras agrícolas para cultivo

a. Sem terras agrícolas
b. Terrenos agrícolas mas sem irrigação
c. Terrenos agrícolas arrendados ou em regime de locação
d. Possuir terras agrícolas com menos de um acre
e. Terrenos agrícolas próprios de 1 a 5 acres
f. Terrenos agrícolas próprios com 5 a 10 acres
g. Possuir terrenos agrícolas com mais de 10 acres

iv)Alfaias agrícolas

a. Foice
b. Picareta

c. Pá
d. Coveiro de lançamento
e. Enxadas agrícolas
f. Cortador de palha
g. Arado agrícola
h. Nivelador de terreno
i. Harrow
j. Pulverizador
k. Bomba de água
l. Debulhador
m. Leme
n. Trator
o. Ceifeira-debulhadora combinada

v) Animais vivos/animais

a. Aves de capoeira
b. Cabra
c. Vaca
d. Búfalo

vi) Posse de veículo

a. Nenhum veículo
b. Biciclo
c. Scooty
d. Motociclo
e. Jipe
f. Automóvel
g. Carro de luxo
h. Camião

vii) Educação do chefe de família

a. Analfabeto
b. Literacia funcional
c. Ensino primário
d. Escola secundária
e. Intermediário
f. Licenciado
g. Diploma técnico
h. Pós-graduação

viii) Profissão do chefe de família

a. Desempregado
b. Trabalhador não qualificado
c. Trabalhador semi-qualificado
d. Trabalhador qualificado
e. Escriturário
f. Proprietário da loja
g. Agricultura
h. Semi profissional
i. Profissional

ix) Rendimento familiar mensal de todas as fontes

a. Até Rs. 5000
b. Rs. 5001-9999
c. Rs. 10000-14999
d. Rs. 15000-19999
e. Rs. 20000-24999
f. Rs. 25000-29999
g. Rs. 30000 e mais

x) Instalação de água potável

a. A água potável é obtida de outra fonte longe da casa
b. Água potável disponível com fonte comunitária sem drenagem
c. Água potável disponível na fonte comunitária com drenagem
d. Água potável disponível para 2-3 casas ou partilha a mesma fonte de água com a drenagem de *kaccha*
e. Instalação individual de água potável com drenagem *kachha*
f. Fonte múltipla de água potável com drenagem *pakka*
g. Instalação individual de água potável com drenagem de *pakka* E purificador de água

xi) Instalação de saneamento

a. Não há disponibilidade de casa de banho
b. Sanita comunitária com fossa
c. Sanita de fossa individual
d. Casa de banho comunitária com instalação de água
e. Sanita individual sem instalação de água
f. Casa de banho comunitária com instalação de água
g. Casa de banho individual com instalações sanitárias

xii) Participação social dos membros da família

a) Sem qualquer posição oficial

b) Sem qualquer cargo oficial, mas com participação ativa nas actividades da aldeia

c) Cargo oficial numa ou mais organizações

d) Contribuição financeira ou angariação de fundos para a obra comum

xiii) Tipo de compra de jornal/revista

a. Diário

b. Mensal

c. Semanal

d. Trimestral

e. Por vezes

7. Contacto da agência de extensão:

Com que frequência contacta as seguintes pessoas ou organizações para obter aconselhamento técnico?

Sl. No	Extension agency	Regular	Occasionally	Never
1.	VDO			
2.	ADO			
3.	BDO			
4.	KVK person			
5.	University specialist			
6.	Others			

8. Comportamento de procura de informação

Quais das seguintes fontes utiliza para obter informações sobre educação e entretenimento?

Sl. No	Source	Regular		Occasionally		Never	
		Information	Entertainment	Information	Entertainment	Information	Entertainment
1.	Friend						
2.	Successful person						
3.	Outside agency / individual						
4.	Relatives						
5.	Others						

9. Exposição aos meios de comunicação social

Com que frequência utiliza os meios de comunicação social seguintes e para que fins:

Sl. No.	Medium	Regular		Occasionally		Never	
		Education	Entertainment	Education	Entertainment	Education	Entertainment
1.	Television						
2.	Radio						
3.	Mobile						
4.	Newspaper						
5.	Magazine						
6.	Internet						
7.	Kiosk						
8.	Others						

10.1 Sustentabilidade social

10.1.1 Participação dos povos

Indicar a sua participação nas diferentes fases da gestão do projeto

Stage/area	**Extent of participation**		
	Always	**Sometimes**	**Never**
I. Planning			
Participation in providing the benchmark information			
Participation in deciding the treatments in Private land			
Participation in deciding the treatments in common land and drainage line			
Participation in *gramsabha*			
Participation in mobilizing the contribution			
II. Implementation			
Supervision of the activity in private land			
Supervision of the activity in common and drainage line			
Suggesting availability of main resources			
Development of community assets in common land			
Participation in *shramdhan*			
III. Post implementation			
Suggesting about maintenance of the activities			
Supervision of maintenance work			
Contribution to take up maintenance work			
IV. Monitoring & Evaluation			
Participation in developing participatory indicators			
Participation in monitoring			
Participation in evaluation of the activities			

10.1.2 Património:

a) Disposições estruturais: O projeto tomou alguma medida estrutural para assegurar a participação dos seguintes grupos vulneráveis? Sim/ Não

a. Sem terra

b. Mulheres

c. SC/ST

d. Outros

b) Actividades específicas: O projeto realizou alguma atividade específica para envolver um grupo de famílias vulneráveis?

Sim / Não

Em caso afirmativo, indique-os

1. Sem terra 2. Mulheres 3. SC/ST 4. Outros

Em caso afirmativo, indicar pormenores

10.1.3 Tomada de decisões:

a) Padrão de tomada de decisão: Indicar o padrão de tomada de decisões seguido na identificação e execução das diferentes actividades do projeto

Type of decisions	**Involvement**				
	Concerned Beneficiary	**Executive committee**	**General assembly**	**Village leaders**	**Project staff**
Identification of the treatment in private land					
Identification of the treatment in common land					
Execution of the treatments in private Land					
Execution of the treatments in common land					
Identification of the beneficiaries for the project					
Selection of the beneficiaries for the project					
Revolving fund mgt.					

b) Acesso à informação: Todos os membros têm acesso à informação sobre o projeto?

Sim/Não

Quantas vezes contactou o comité para obter informações

Type of information	Extent of access			Frequency of information obtained
	Always	Sometimes	Never	
General				
Work related				
Finance related				
Others				

10.2. Sustentabilidade ambiental:

10.2.1 Aumento da vegetação:

a) Observou o aumento do coberto vegetal?
Sim/Não

Em caso afirmativo, indicar

Sl. No	Nature	Area/No.
1.	Forest cover	
2.	Horticulture crop cover	
3.	Grass land cover	
4.	Increased area under agricultural crop Kharif Rabi Summer	

10.2.2 Intervenção tecnológica

a) O projeto considerou e implementou várias tecnologias modernas para manter os recursos circundantes ou inverter a tendência de degradação dos recursos naturais? Sim/Não

b) O projeto teve em consideração várias tecnologias indígenas disponíveis durante a intervenção tecnológica no projeto? Sim/Não

Em caso afirmativo, indicar o seguinte

Sl. No	In area of	Taken up/Not taken up	Indigenous technology was considered/Not considered	If technological intervention was taken up then area/No.
1.	**Private land development activities**			
	Erosion checking measures			

	Water harvesting measures			
	Horticulture production techniques			
	Forest establishments technique			
	Crops and cropping pattern			
	Crop production technology			
	Others (specify			
2.	**Common land development activities**			
	Erosion checking measures			
	Water harvesting measures			
	Nala stabilization			
	Grass land development			
	Others(specify)			

10.2.3 Efeitos ambientais:

a) Observou efeitos no ambiente circundante devido às actividades de desenvolvimento da bacia hidrográfica?

Sim/Não

Indicar os efeitos das diferentes intervenções no ambiente circundante

Sl. No	**Activities**	**Positive effects**	**Negative effects**
1.	Soil		
2.	Plants		
3.	Animal		
4.	Human beings		

10.3 Sustentabilidade institucional:

10.3.1 Adequação

a) Se foram criadas instituições locais: Sim/Não.

Em caso afirmativo, indicar o tipo de instituição, os objectivos e as funções

Sl. No	Type of Institution	Number	Objectives	Functions
1.	**Village committee/association**			
2.	**SHG / Affinity groups**			
3.	**User groups**			
4.	**Any others**			

10.3.2 Desempenho:

a) Frequência das reuniões: Indicar as reuniões efectuadas no âmbito do IWDP

Sl. No	Date	Members present		Purpose
		Men	Women	

b) Ligações; O comité/grupo mantém as ligações funcionais?

Sim/Não

Em caso afirmativo, natureza e modo de ligação

Sl. No	Institution name	Yes/No	No. of times contacted during year	Purpose

1. Participação dos agricultores nas actividades de gestão dos recursos naturais no âmbito do IWDP

Indicar a sua participação nas diferentes fases da gestão do projeto

Stage/area	Extent of participation		
	Always	Sometimes	Never
I. Planning			
Participation in providing the benchmark information			
Participation in deciding the treatments in Private land			

Participation in deciding the treatments in common land and drainage line		
Participation in *gramsabha*		
Participation in mobilizing the contribution		
II. Implementation		
Supervision of the activity in private land		
Supervision of the activity in common and drainage line		
Suggesting availability of main resources		
Development of community assets in common land		
Participation in *shramdhan*		
III. Post implementation		
Suggesting about maintenance of the activities		
Supervision of maintenance work		
Contribution to take up maintenance work		
IV. Monitoring & Evaluation		
Participation in developing participatory indicators		
Participation in monitoring		
Participation in evaluation of the activities		

Constrangimentos enfrentados pelos Agricultores ao participarem em Actividades de NRM no âmbito do IWDP

Indicar os constrangimentos sentidos na participação na gestão sustentável da gestão dos recursos naturais no IWDP **Constrangimentos**

A) Gestão de projectos;

1. Processo de planeamento

1.

2.

ii. Processo de implementação:

1.

2.

iii. Acompanhamento das actividades:

1.

2.

iv. Gestão pós-projeto

1.

2.

B) Tratamentos de desenvolvimento da bacia hidrográfica

i. Actividades privadas de ordenamento do território

1.
2.

ii. Actividades comuns de ordenamento do território

1.
2.

iii. Actividades de desenvolvimento de linhas de drenagem

1.
2.

iv. Actividades de desenvolvimento florestal

1.
2.

v. Actividades de desenvolvimento da horticultura

1.
2.

vi. Desenvolvimento da pecuária Actividades

1.
2.

C) Criação e gestão de instituições locais:

1. **Formação e gestão do comité de aldeia** 1.
2.

ii. SHG/UG

1.

More Books!

yes

I want morebooks!

Buy your books fast and straightforward online - at one of world's fastest growing online book stores! Environmentally sound due to Print-on-Demand technologies.

Buy your books online at
www.morebooks.shop

Compre os seus livros mais rápido e diretamente na internet, em uma das livrarias on-line com o maior crescimento no mundo! Produção que protege o meio ambiente através das tecnologias de impressão sob demanda.

Compre os seus livros on-line em
www.morebooks.shop

info@omniscriptum.com
www.omniscriptum.com

OMNIScriptum

MIX
Papier aus verantwortungsvollen Quellen
Paper from responsible sources
FSC® C105338

Printed by Books on Demand GmbH, Norderstedt / Germany